飲間餐空設計聖經

餐空設計聖經

漂亮家居編輯部——著

【暢銷新封面版】

目 錄
contents

I 餐飲設計空間 十大要點

II 餐飲設計空間 基本篇

III　餐飲設計空間　需求篇

高級餐廳

聚會餐廳

設 計 師 名 單

Atelier I-N-D-J /www.i-n-d-j.com

Bandesign/www.bandesign.jp/

Cadena+Asociados/www.cadena-asociados.com

Jean de Lessard/http://delessard.com

Jouin Manku/www.patrickjouin.com

Masquespacio/http://masquespacio.com/

P H. D/http://ph-d.com/

PPAG architects ztgmbh/www.ppag.at/

力口建築 /02-2705-9983/ 台北市大安區復興南路 2 段 197 號 3 樓

木介空間設計 / 06-298-8376 /0910-020081/ 台南市安平區文平路 479 號 2 樓

今采室內裝修工程有限公司 /02-2783-6128/ 台北市南港路二段 202 號

今硯室內裝修設計工程有限公司 /02-2790-6228/ 台北市南京東路六段 350-8 號 6F-5

台北基礎設計中心 /02-2325-2316/ 台北市大安區大安路一段 176 巷 4 號

古魯奇建築諮詢 (北京)/ +86 10 8468 2055/58/ 北京朝陽區新源里 16 號琨莎中心 1 座 1805

周易設計工作室 /04-2375-9455/ 台中市南區柳川西路一段 37 號

集品不銹鋼有限公司 /02-2283-7108/ 台北縣蘆洲市復興路 227 巷 27 號

晴天見設計 / 04-2259-0077/ 台中市南屯區干城街 243 巷 4 弄 16 號

曾建豪建築師事務所 /PartiDesign Studio/0988-078-972/ 台北市大安區大安路二段 142 巷 7 號 1F

鄭士傑設計 / 02-3765-382/ 台北市松山區新中街 48 號 1 樓

廚霸王不鏽鋼工業有限公司 /02-2680-3885/ 新北市樹林區柑園街一段 133 巷 29-1 號

1

餐 飲 設 計 空 間
十 大 要 點

餐飲空間的規劃方向與其他室內設計（住宅及其他商業空間）的不同點在於餐飲空間屬於第三空間，也就是在住宅及工作空間外的場域，餐飲空間除了提供食物等商業規劃考量外，還必須做到生活空間應有的情境機能及情感交流。

POINT 1

思考市場性、
結合生活體驗
的商業空間

餐飲空間除了具有實際的商
業行為，也提供生活與空間
情境體驗，因此除了美學考
量，還賦予更多使用機能及
生活情感，也必須思考餐飲
環境的市場性及氣氛營造。

成家 SEIKA(Mirrors)
圖片提供──Bandesign
攝影──Shigetomo

POINT 2

不只設計，
更需機能與坪效

餐飲空間除了商業行為場域規劃，還涉及相關專業設備、水電管線、廚衛空間設施，及工作人員、消費者動線格局規劃，十分複雜繁瑣，同時也要考量業主及消費者實際使用機能性，因此設計師必須具有相當設計經驗背景，才能妥善處理好空間規劃。

Door19
圖片提供──Atelier I-N-D-J
攝影──Bono Yan

POINT 3

餐廳定位
及主題設定
與成功息息相關

空間規劃依據餐廳定位有所
不同，針對定位、料理風格
和當地飲食習慣去延伸餐廳
風格、視覺設計，再決定所
有設計元素，主題的設定及
整體連貫性十分重要。

Hueso
圖片提供──Cadena+Asociados
攝影──Jaime Navarro

POINT **4**

首要基本實用，
其次整體氛圍營造

餐飲空間規劃必須先以工作
人員的實用機能及便利性為
考量，讓他們能夠提供最好
的服務，而燈光照明永遠以
食物為第一優先，其次才是
整體氛圍營造。

Kinoya
圖片提供──Jean de Lessard
攝影──Adrien Williams

POINT **5**

清楚的品牌經營理念與核心價值

餐飲空間必須要有清楚的品牌經營理念，所有工作都必須環繞這個核心價值及中心思想，並延伸出所有的空間設計、服務概念、視覺包裝及產品等。

Taiwan noodle house
圖片提供──古魯奇設計公司

POINT 6

設計還包含
統籌整合

統籌整合項目包含從企業形
象、品牌定位、行銷策略，
到平面設計、廚具設計、傢
具傢飾擺設，甚至餐具等，
都要具備完整且串聯的設計
概念，消費者才會快速認識
餐飲品牌，並了解業主想要
提供的服務、料理及訴求概
念。

圖片提供——古魯奇設計

POINT 7

在地飲食文化
與空間主題相結合

文化背景和飲食習慣對於消
費者的喜好有直接的影響，
設計師除了發揮創意及符合
業主需求外，還必須了解在
地文化，將飲食文化與空間
主題相結合。

Door19
圖片提供──PH.D
攝影──ArtKvartal

美味與人

美味と人の心を感じる

POINT 8

針對餐廳定位
及料理延伸設計

設計餐飲空間就像是做一道
菜，要先看業主提供什麼給
消費者，才能決定餐廳應該
怎麼設計。先針對餐廳的定
位及料理去延伸餐廳風格、
視覺設計，再決定所有的設
計元素、燈光機能及使用建
材等部分。

茶六燒肉
圖片提供──晴天見設計

POINT 9

自然綠生活及
工業兩大餐飲風格

講求環保、健康飲食、自然
樸質、清新休閒氛圍的自然
綠生活風格,及融合文化、
時尚潮流、藝術及歷史的工
業風格,是目前十分常見的
餐飲空間設計風格。

FujinTree 353 Café
圖片提供──鄭士傑設計

POINT **10**

回歸自然，強調食物、人、空間的情感與純粹

未來餐飲空間建立在食物本身，回歸食物、空間與人的情感交流互動，環保、友善及強調在地文化、健康養生的餐飲空間，將是未來餐飲空間主要趨勢。

Steirereck
圖片提供──PPAG architects ztgmbh
攝影──Heimut Pierer,Roland Krauss

2

餐飲空間設計
基本篇

本章節將以空間區分來了解各個餐飲空間設計的基本,並從外觀、入口區、座位區、燈光、吧台、廚房、CI 等七大項來詳細說明其重要性與設計要點。

外·觀·設·計

人要衣裝，佛要金裝

外觀設計不僅能傳遞店主希望呈現的形象與概念，同時也是顧客決定是否要走進店裡的重要關鍵，因此除了因應餐廳屬性給予恰如其分的外觀之外，也應從客人的視野角度考量，避免用過於強烈的風格與會造成距離感，令過路客人感到卻步。以下是有關餐廳外觀設計的技巧。

Solution 1

餐廳種類決定主招牌

一家店的招牌設計取決於餐飲空間的類型，知名連鎖品牌的餐廳招牌通常是規模大且設計搶眼，但若是訴求低調內斂的小型料理店，或是溫暖的手作烘焙咖啡館，招牌不見得要擺在非常明顯的位置，可以設計在較為不顯眼的角落，搭配微透燈光的作法帶出店的主軸氛圍。

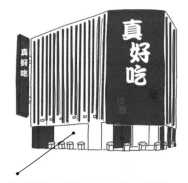

知名連鎖品牌的餐廳通常是規模大且設計搶眼。

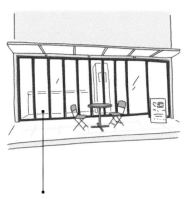

講求低調內斂的小型料理店或咖啡館招牌不一定要非常明顯，而是搭配燈光或是大面玻璃帶出店的氛圍。

增加立招吸引人潮

招牌一般來說分成正招、側招，有些店家還
會有立招，這些設計應由人潮從何處來做為
考量，尤其是單行道的巷子，側招的位置就
必須安排在進入巷子的方向，同時招牌設計
也應突顯餐廳名，另外如果店家位置太過偏
僻，或是位於巷尾建議側招位置可以高一
點，或稍微放大尺寸甚至在巷口或人潮處規
劃立招與動線指引，讓客人能清楚的發現。
若周邊環境較昏暗者，可以運用投影機或螢
幕、燈光等視覺性動態設計來吸引路人，且
外觀盡量開闊、位置以視覺高度為宜，不能
太高或太低，可以高低搭配、有故事性，但
不能落差太大。

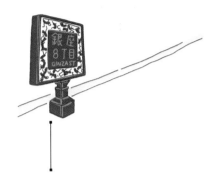

如果位置過於偏僻，或是位於巷尾建議
在巷口或人潮處規劃立招與動線指引，
讓客人能清楚的發現。

運用故事主軸延伸立面設計

外觀設計是引發顧客進門的第一目光，一般
會以風格來決定門面？但如果能找出店的故
事主軸做延伸，更能增添獨特性。例如：以
貓為概念發想的餐廳，在外觀可以放上許多
以貓為主題的擺設，或是以貓掌印做成的招
牌等自然能產生獨特性。

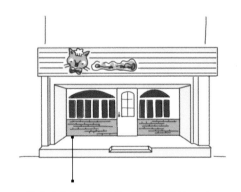

找出店的故事主軸做延伸外觀設計，更
能增添餐廳的獨特印象。

Solution 4

穿透降低距離、高價創造隱私

規模不大的餐飲空間反而更需要寬敞輕透的外觀，一來可以降低顧客的距離感，再者也能讓空間有開闊放大的效果；而高價位的餐廳就不需要寬敞、清透的外觀但在裝潢上相對的就必須給人高級尊貴的感覺，並且空間感的營造也是十分重要，可以利用鏡子、反光材料塑造高級感，同時讓空間擴大。

高價位的餐廳可利用鏡子、反光材料來塑造高級感。

規模不大的餐飲空間以寬敞清透的外觀吸引過路客。

Solution 5

善用招牌材質、燈光傳達餐廳定位

餐廳的外觀的材質可以根據餐飲類型以及風格主軸作為設定，一般來說日式餐廳常會以鏽鐵、木頭或是不鏽鋼材質打造，以強調日本文化的內斂與樸質，此外也可以選用具手感的布面或是暖簾作為招牌的精神；而小酒館、義式餐廳等則可以在招牌加入霓虹燈光，讓夜間燈光更明顯，另外咖啡館甜點店則多會以溫暖的黃光帶出親切溫馨的氛圍。

日式餐廳常會以鏽鐵、木頭或是不鏽鋼材質打造，並常選用具手感的布面或是暖簾作為招牌的精神。

延伸空間打造內外一致的店面形象

台灣地小人稠，店面常因為面寬不夠，或是位於商場內而容易被忽略。但話雖如此也不適合為了吸引目光而做得過於複雜，這時可以將空間風格延伸至店面外觀，藉由內外風格一致，更完整呈現想要表達的形象。

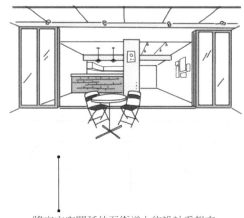

將室內空間延伸至街道上的設計看起來更為寬闊。

歷史建築轉化文創形象

現在許多老房子餐廳擁有獨特的歷史特色，將其外觀作為設計時考量的一部分，不僅能讓文化得以傳承，也讓其外觀成為迥然於旁邊其他建築的一個方式。

將老房子作為設計時的一種考量，讓視覺與味覺一起回味以往。

外觀設計

中式餐廳

中餐館早已不再侷限於傳統意義上的「中國風」，清新風、工業風、文藝風等五花八門的風格早就「入侵」中餐廳，因此在設計時首先要考慮業主的需求。

用設計展現醇厚人文味

為展現客家餐廳人文質感，又不想落入中式建築的俗套，設計師大玩編織創意，仿照早期農家竹簧籐編紋理佈局外牆，呈現濃濃東方語彙。圖片提供＿周易設計工作室

設計
將方正的建築內凹為 L 型量體，讓空間更有個性，同時也使室內擁有更多景觀。

材質
以氟碳烤漆與鍍鋅鐵件打造網狀外牆，生硬的金屬也能創造仿若籐編材質。

別於傳統台式綠化新貌

此間位於富錦街的台菜店為了不浪費鄰近公園的環境優勢，除將右側規劃為出入大門的動線外，左側庭院則設置一張大桌，讓客人可在院子內享受美食與美景。圖片提供＿鄭士傑設計

用途
刻意降低白色圍籬的設計，拉近了公園樹景與綠意。

外觀設計
西式餐廳

西餐廳依照價格帶有著不同外觀設計的訣竅，並依照各式餐種來做設計，現在因為人們對於與自然環境連結的在意，在外觀設計上除了展現自我特色外，也常與綠色意象做結合。

大面反光金屬顯現高級料理的氣勢

有著世界上最好的餐廳之一稱號的奧地利維也納 Steirereck 二星餐廳於 2014 年增建改造完工，餐廳主人希望顧客在這裡享用新奧地利創意料理之餘還能看到景觀，而從外觀看來則以大面的反光金屬來展現氣勢。圖片提供 __ PPAG architects ztgmbh 攝影 __ Helmut Pierer、Roland Krauss

偏暗光影帶出西式氣氛

本案是位於百貨公司美食街中的義式餐廳，全區以偏暗光影展現西式氣氛，卻以明亮燈箱造型字母呈現企業識別，特殊光影之下創造有質感的餐食氛圍。圖片提供 _ 周易設計工作室

材質
運用反光金屬和鏡子將建築結構延伸到鄰近公園，使人們能夠充分享受綠色植物和陽光，更加貼近自然。

材質
由於位在競爭激烈的百貨美食街，設計上先以地磚設計凸顯地域性，再以沙發、隔柵表現動線層次，打造獨特場所精神。

外觀設計
日本料理

一般日式料理點因為餐點價位偏高，所以在外觀上常需配合選用高雅的材料或照明，但其實和風也有許多不同的可能性，就算使用大量的木材質也能打造出簡潔又時尚的形象。

運用細節展示日本味

未在過分熱鬧的巷子裡，以不規則的石板地坪，層次井然的綠林，闢鑿出一處深且廣的日式庭院，極高反差度的設計，擄獲人心。圖片提供_力口建築

以舊復新日式老房重塑門面新印象

毛丼運用老房子來經營日式丼飯料理，將台灣與日本的歷史串聯，外觀上大刀闊斧拆除舊有圍牆，消弭圍牆的隔離意象，突顯建築物製造吸睛亮點，同時給予餐廳更為開闊、親切的門面印象。圖片提供_木介空間設計

材質
以全新鋼板取代舊屋頂，選擇黑色降低突兀感。

材質
日本琉璃瓦的鋪設，清楚闡述傳統日本建築的風格，祥和而寧靜。

動線
拆除圍牆調整入口動線，擴大入口腹地化解原始侷促感。

錯落格柵串聯日式燒肉精神

座落於黃金三角窗地段的燒肉店，融入些許日式概念，加上考量外觀需面臨日曬雨淋，因此利用鐵板貼覆波音軟片，以交錯的格柵製造出如「山林」般的意象，並與室內語彙達到和諧的對應。而騎樓廊道利用俐落的現代線條表現山、樹、水、石等自然元素，作為燒肉店的設計主軸，由內而外延伸的噴黑天花板，讓空間感更形延伸開闊。圖片提供＿晴天見設計

突破傳統日餐廳的外觀

傳統概念的日式餐廳通常是封閉的空間，少有窗子，常以格柵隔間將空間區隔。而燒肉達人在外觀設計上打破固有概念，利用半透明材質將內部空間呈現出來。圖片提供＿古魯奇設計

動線
格柵上面的帆布除了置入行銷語言，實質的功能更是隱藏空調主機。

材質
外觀的色調以木色系延續日式料理的低調本色

材質
看似木材的格柵造型，實則以鐵板貼飾波音軟片，耐用且好保養。

動線
在外觀上運用半透明材料使得空間內部景象若隱若現。

材質
一樓立面利用木作貼皮與染黑作法，塑造出高低層次的小山丘概念。。

用途
設定為高價位的燒肉店，所以訂製的立體長凳家具，提供消費者舒適的等候狀態。

外觀設計
咖啡館

咖啡館不只是個喝咖啡的場所，除了自宅外咖啡館也是個能讓人感到自在又放鬆的地方。對喜歡喝咖啡的人來說這裡就是個半隱私半公開的棲身之地，因此在外觀設計上多半以明亮、輕易近人為主。

以木質連接咖啡與社區

考量伊聖詩私房書櫃位在溫州社區，鄰近學校，洗石子的灰儼然為此區最常見的社區色調，延續旁邊小公園的材質，由內而外和週遭環境友善接軌。圖片提供 _ 力口建築

吧台網羅街道人流景致

因此區上班族居多，咖啡館在入口處設置開放式吧台，來客恣意享受微風和陽光，一邊啜飲咖啡，一邊欣賞街邊人來人往的形色景致。圖片提供 _ 力口建築

材質
洗石子僅使用在入口處的地坪，入內後轉為顏色雷同的磨石子地坪，便利清潔和維護！

用途
因為位在住商混和區，退縮的騎樓深度夠，打造半開放式的吧台來吸引顧客。

對不同層次的空間進行拉伸

餐廳外觀呈現開敞和通透感，使來往行人對內部景象一目了然，並以視覺上的通透密度大小不一良好的展現餐廳特色。而餐廳內立面拉伸到外立面，則使印象融為一體。圖片提供 _ 古魯奇設計

材質
立面木質造型呼應了咖啡館名稱——雁舍

招牌結合燈光亮點聚焦

以高彩度的沖孔鐵板，結合燈光的運用，讓位於住宅區內的咖啡店成為視覺亮點，而灰色調的主體建築和大片玻璃，則緩和了招牌的亮度而讓整體不致過於鮮豔。圖片提供 _ 台北基礎設計中心

材質
大面積的玻璃窗除了提升採光之外，也讓店內用餐環境成為路過時的風景。

用途
以不規則的主體設計整合了原有空間的梁柱問題，天花板的工程也盡量用簡化造就機能，以增加空間高度並降低預算。

大面活動推門展現咖啡館親和力

為了提升咖啡館的親和力，將門口採用活動式玻璃推門，傍晚時可向二側全開，讓客人更輕鬆地進出或看見內部的座位情形。圖片提供 _ 鄭士傑設計

用途
天氣不熱時，門口可放置小桌，讓客人享受街頭咖啡座的悠閒。

外觀設計
小酒館

介於酒吧與西餐廳之間的小酒館，讓人可以小酌也能享受美味的料理，因為可以飲酒的關係，在外觀的設計上多以深色呈現，有時也會以霓虹燈來提高招識別度。

輕透摺門虛化內外界線

未刻意擴大室內版圖至庭院，而以玻璃摺疊門的輕隔間來界定室內外空間，並視天候情況打開門片，讓內外融合、更顯輕鬆。圖片提供 _ 鄭士傑設計

用途
簡單造型的雨遮搭配玻璃折門，凸顯現代設計美感。

外觀設計
吃喝小店

台灣的小吃文化盛行，以往多是攤位展示現在則有品牌化的趨勢，因此在外觀與整體呈現上也越來越講究，其特性是輕量化易於開張或撤收，並具有良好的機動性。

以色彩創造小攤新貌

主打新鮮水果的茶飲店，外觀由內延伸至外的藍色天花板，象徵舒適宜人的天空招牌，有別於一般大型完整設計而是以獨立的綠色鐵殼字，加上燈光搶眼的視覺效果強化消費者對品牌的記憶。圖片提供＿力口建築

色彩
藍綠色調傳達自然森林的氛圍。

用途
規矩的方型店內，吧台左側的真實的水果陳列，說明果汁飲品的新鮮度。

保留原味機能升級

夜市老攤轉型重整，有別於一般餐廳規劃，內外動線都需一併考量！餐車的機能經由設計 Level Up，創造更俐落乾淨的食物製作環境，雨遮下方的老字號換了新招牌，滿滿人情味的木質色調搭配如昔的紅色「師園」字樣。圖片提供＿力口建築

用途
以刻意傾斜向下的角度，來客一抬頭就望見，更方便手機拍照打卡。

文創餐飲空間的機能打造

校地活化計畫的文創餐飲空間，店內坪數不到 10 坪，結合商品販售和輕食飲品提供， 牆上的佈告欄讓學生可以公告資訊，巧妙在白牆上創造使用機能。圖片提供＿台北基礎設計中心

機能
佈告欄的運用活化了整片白牆，成功地將裝飾感與機能性做了結合。

菜單
以外帶為主的餐飲定位，故菜單選項也簡潔而單一，以咖啡和輕食為主。

完美動線規畫、吸睛又舒適

入·口·設·計

　　餐廳一進門之後，多是帶位、結帳及外帶等候區，一般小型餐廳的帶位可以簡單並相鄰等候區即可，且空間許可時請盡量將等候區規劃在室內。而因餐廳空間規劃以內用客人為主，若沒有適度規畫，排隊等候與外帶區域不只容易造成出入口的不便，甚至也會影響店裡用餐的舒適感受，建議以巧思設計引導動線，改善等候、外帶及內用客人彼此干擾的狀況。

Solution 1

結合入口吧台做設計

除非場地夠大，或是以外帶為主的商店，建議外帶區最好能結合入口區的吧台來做設計，可以放大吧台來涵括外帶區的需求。若是門面夠大，有足夠條件則可以另外思考設計，如做一個另外開窗的可愛外帶區，另外做成吸睛的端景。

開窗的可愛外帶區，也能成為吸睛的端景

Solution 2

相異地坪區隔場域

運用地坪相異的材質無形區隔外帶等候與內部用餐場域，讓顧客在無意識中就會將自己的用餐形式分類，不至於互相干擾，並可以在外帶區規劃立桌設計，方便短暫停留的外帶客人可以站或坐的休息等待。

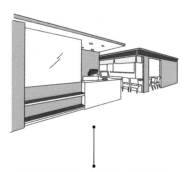

運用地坪相異的材質區隔外帶等候與內部用餐場域，讓顧客在無意識中就會將自己的用餐形式分類。

外帶等候動線與內用動線明顯區隔

大部分的點餐櫃檯兼具接待和結帳的功能,因此位置通常設在較靠近出入口處,為了避免外帶以及等候的客人阻擋內用顧客的進出,可將取餐位置分開或是擴大結帳區的空間,紓解結帳區的擁擠,為避免影響內用消費者的用餐舒適度及行走動線座位區與等待區之間至少要保持約120公分的距離。

座位區與等待區之間至少要保持約120公分的距離。

動線以不影響主動線為原則

外帶及等候區位置的安排也要視餐廳規模來評估,大型連鎖餐廳講求效率,需要快速消化大量人潮,必須將點餐區和取餐區位置距離拉開,以保持點餐動線的流暢,而小型的個人咖啡館或餐廳人潮相對較少,在不影響到主動線的原則下可以在鄰近櫃檯的地方安排外帶等候區。

點餐區和取餐區位置距離拉開,保持點餐動線的流暢。

設置置物檯及簽名處

高級餐廳大部分皆為桌面結帳,而一般餐廳結帳則通常設於出入口,如同前面所述,應該預留位置避免結帳時造成通道壅擠,機能設計細節上則需注意有放置包包與信用卡簽名的地方。

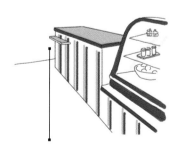

結帳櫃台需注意有放置包包與信用卡簽名的地方。

入口設計
內用餐廳

內用餐廳的入口就是門面，一般在此即可看出餐廳的定位與價格，高級餐廳在設計上多會運用昂貴材質打造的櫃台提升質感，而設計餐廳則會以特色裝飾表彰餐廳定位，此為入口多為帶位與結帳功能，高級餐廳大部分為桌面結帳，而一般餐廳結帳則通常設於入口處，需注意櫃台是否有設計放置包包與信用卡簽名的地方。

運用新舊對比製造空間的話題性

位於精華地段美式餐廳，以特色取勝，入口處運用紅色電話亭的設計，增加空間的趣味性，也勾起大家想要進去一窺究竟的好奇心。圖片提供＿晴天見設計

大氣展示入口奢華

高級燒肉店入口處的磨石子前台與大尺度水池造景，就像是走入山林中偶遇的一處美景，透過虛實穿插的設計手法，創造令人記憶深刻的畫面。圖片提供＿晴天見設計

用途
考量餐廳向北，為避免高樓風降灌入室內，特別採用漸進式入口設計。

用途
入口處的右側規劃了結帳櫃台，同時緊鄰樓梯位置，讓動線更為流暢。

材質
地坪鋪設復古磁磚，搭配噴漆的窗櫺，試圖展現新舊衝突的概念。

材質
結帳櫃台以磨石子材質打造，連結貫穿空間的自然元素主題。

入口設計
內用外帶兼具餐廳

現在的小餐館除了內用外也提供外帶的功能,當人擠在入口區怎樣的動線才能舒緩人潮,並讓等候的客人不影響內用的客人也不無聊就是設計的重點所在。

外帶展示區等待不無聊

中島廚房與結帳區相連,拉長吧台長度,有效延伸視覺,營造出大器風範。而位於結帳區前方的桌椅刻意拉開適當的距離,留出約莫三五人站立也不嫌擠的寬度,從而避免干擾到座位區,再加上結帳區旁的櫃體設計外帶展示區讓外帶的客人有餘裕的空間。攝影_葉勇宏

餐車作為人情味接待區

鹹酥雞小吃攤二代轉型擴張成為具有室內坐位的小餐廳,餐車放置在老位置(右側),老顧客上門時依舊感受人情味的攤販買賣氛圍。圖片提供_力口建築

材質
實木貼皮染色營造入口區自然氛圍

動線
左側入口不設店門,直接開放與茶飲吧台相連,為室內坐位區的吸睛入口。

桌椅舒適度決定翻桌率

座·位·設·計

一般而言餐廳大小約佔整體坪數的 50%-70%，裡面除了座椅與走道外，還包括櫃台 (或服務台)、吧台、廁所等，就經營者的商業角度而言，當然希望所有的空間都能排上桌椅，供應更多客人，但從美觀與營造氣氛而言，裝潢與陳設布置實屬必要，因此因應餐廳種類與客人類型調整座位區，就是設計師需站在業主顧客設計三方加以思考的要項。

餐廳空間 = (座椅面積 / 客席) × 客數

從上列公式即可以知道每個客席的座椅面積乘以來客人數，就可以蓋算出餐廳空間。但這只能粗估來客容量，因為餐桌大小與座椅尺寸不一尤其在排列組合上空間與裝潢的變數也十分大，因此就幾種可能做詳細介紹。

Solution 1

動線順暢增加服務品質及轉客率

客人拉椅入座需要走到服務生上菜擺盤也需要走道，走道是座椅尺寸之外另一個設計師與業主必須謹慎考慮的空間一般客人入座長度（椅深 36-40 公分＋膝蓋）約 40-50 公分，離開位置的長度（站起後推開椅子）則需增加 15-20 公分，即 55-70 公分。入座後椅背與鄰桌椅之間至少應相隔 46 公分以方便他人或服務生走動，若服務生需要使用推車時，更應該增加至 120-140 公分。而自助式餐廳由於客人出入頻率高，因此顧客進出桌椅之間的寬度應保持在 90-140 之間較為方便。

總之，動線設計應該考慮可人與服務生的路徑，兩者之間應該保持距離，減少相互碰撞的機會，尤其是客人與客人之間（A 點），服務生出菜 / 收拾的出入口（B 點），或客人前往洗手間的路段（C 點），都是設計時應該優先考慮的動線重點。

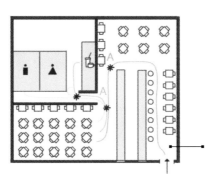

ABC 三點為客人與服務生動線會有牴觸的地方。

從餐廳種類了解座位大小

設計師在規劃座位區時應先理解主要顧客對象是成人、兒童；男性居多或是多為女性，因為不同體型的客人對於座椅的感受不同。為了能滿足顧客的舒適感，一般成人需要的空間約是 1.11 平方公尺，兒童則是 0.74 平方公尺，並可依據顧客不會受感擁擠不便的狀態下做調整。

此外也可以從不同的供餐型態來考量桌上面積的大小：自助式餐廳多由客人自行取餐，因此用餐空間需較大，並方便客人進出；而有服務生的餐廳則多會在固定的座位由服務生上菜、收拾，客人所需面積就可減少。

用餐時為求舒適，餐桌的高度約 65-70 公分，成人椅子高度約 40-45 公分 (幼兒椅子高度約 50-55 公分)，深度約 36-40 公分，寬度約 43-60 公分，桌底與坐墊高度相距約 30 公分 (幼兒約 23 公分) 較無壓迫感；吧台的桌椅則較高，高約 76-91 公分，椅高約 45-76 公分，深度約 36 公分，踩腳高度約 23 公分，每個座位寬約 36-46 公分；沙發區如果桌子靠牆，長度則不宜過長，讓服務生能方便上菜，長度一般約 120 公分，椅深約 46 公分。

餐桌椅尺寸 (公分)

高腳桌椅尺寸 (公分)

沙發區桌椅尺寸 (公分)

種類	形狀	小型 (公分)	寬度型 (公分)
1-2 人座	正方形	61*61	76*76
	長方形	76*61	91*76
	圓形	76	91
3-4 人座	正方形	76*76	107*107
	長方形	107*76	122*97
	圓形	91	122
5-6 人座	長方形	152*76	183*107
	圓形	122	152

Solution 3

服務台/供應台適量設置
提供更簡便的服務

餐廳中的服務台與供應台是提供客人餐具菜
單茶水的主要地點，每 20-30 個座位應該設
置一個簡單的服務台，每 50-75 個則可設置
一個較大型的供應台，這能快速提供客人基
本服務。小型服務台的尺寸約 50-60 公分寬，
91-97 公分高；大型供應台則可寬至 2-3 公
尺，高 1.5 公尺以上，類似吧台，可直接提
供熱湯、麵包、咖啡的簡單輕食。

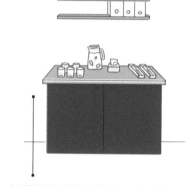

小型服務台的尺寸約 50-60 公分寬，91-97
公分高，可放置自取的水杯、餐具等。

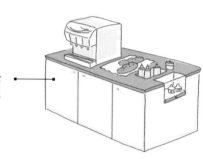

大型供應台則可寬至 2-3 公
尺，高 1.5 公尺以上，類似
吧台。

Solution 4

餐廳動線規劃宜採樹枝狀發展

所謂樹枝狀的動線規劃，簡單說就是
將用餐區的所有動線分層級做出主副
動線。主動線需便利通達各區域，各
分區內再依座位分佈安排次動線與末
梢動線，主動線最寬且長，建議須有
150 公分以上寬度，各區內的次動線
則約 150-135 公分，末梢動線及座位
週邊也不得低於 120 公分。

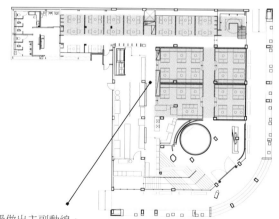

座位區的設計分層級做出主副動線。

依餐廳業種規劃桌椅種類

桌椅的種類與數目依照餐廳的經營方式而有所不同，自助餐廳的狀況，團體用餐客較多，四方形的桌子也常被併桌當長桌使用，因此可以加入些六人座或八人座供使用。而一般的餐廳與咖啡廳，客人大多是 2-4 位，基本上如果每張四人座都有人使用，真正的使用率也約是 50-70%（座位使用率 =[該時段用餐人數÷餐廳座位數] X100%），這對整體餐廳的經營是虧損的，因此設計座位時應該考慮顧客的型態來調整桌椅的數量與種類。設計良好的桌椅比例可以將空缺率降至最低，一般而言，自助式餐廳的空缺率約在 12-18%，服務式餐廳約 20%，吧台類型則是 10-12%，如果設計後的桌椅比例超過範圍，則代表閒置的空間太多，需重做調整。

以下為各類餐廳在二人座與四人座的桌子比例參考。

餐廳形式	二人座桌子（%）	四人座桌子（%）
高級餐廳	60	40
飯店餐廳	60	40
家庭式餐廳	25	75
簡餐 / 速食餐廳	60	40
咖啡廳	80	20

依想看到的風景規劃座位區

如何配置座位區呢？除了依據餐廳坪數抓出適合的座位數外，更重要的是位置該如何安排？其中一大原則就是依據想讓客人看見的風景來安排位置，例如希望能望見造型光鮮的吧台區、賞心悅目的窗景庭園，或是主題是的裝飾牆、藝術設置等等，當每個位置都能有位客人設定的專屬風景，自然能營造出最好的用餐氣氛。

依據想讓客人看見的風景來安排位置，
自然就能營造好的用餐氣氛

Solution 7

店面深度與座位的關係

入口附近可擺放高腳椅等讓
客人可以自在的入座，再往
內一點可放置沙發，形成沉
穩且令人安心的區域，藉此
增加客人們的「被款待感」。

隨著不同的距離創造客人相異的被款待感受。

Solution 8

利用高低差創造不同視野

座位區的設計除了可依循周圍環境的畫面做安排，還可以利用高低差來創造不同的
視野感受。例如：高吧台區、餐桌區與沙發區透過傢俱的高度就可以呈現出更多層
次的觀點與不同感覺。另外也可以利用地板的高低差，如將某區塊的地板架高設計，
再擺放造型感較強的桌椅，也可以營造不同氛圍的用餐區，亦可當作舉辦活動時的
舞台區。

座位可利用高低差來創造不同的視野感受。

NOTE

座位設計

中式餐廳

一般中式餐廳常以合菜為主，因此旋轉圓桌為座位區上菜方便的必備選項，且圓桌更還有能縮短同桌之間距離的奇妙效果。而中式餐廳除了必備的包廂去以外，自成一區的座位也能帶來隱私感受，建議可配合中式餐廳熱鬧的氣氛設計多人數的尺寸。

座位區古典經文牆展東方韻味

古色古香不一定只靠桌椅呈現，小時候邊吃飯邊背誦詩詞經文的畫面，幾乎是台灣人共同的回憶，本設計將最琅琅上口的三字經刻畫牆面，營造全家人吃飯自然溫暖。圖片提供＿周易設計工作室

材質
將鐵件雷射切割出文字搭配白色壓克力燈箱，讓用餐時的視覺焦點全然聚集。

材質
圓形餐桌搭配「壽」字鏤刻椅背的餐椅，訂製傢具皆出自設計師之手，完美體現東方底韻。

新式包廂行走在山水雲霧間

用相似的造型圈圍每一桌餐位，保持其獨立性和私密性，互相不受干擾。同時提高了餐廳的格調，增加了趣味性。而中式餐廳如此座位形式的創新則為顧客帶來新的體驗。圖片提供＿古魯奇設計

材質
白色鐵網的朦朧感，使得空間顯得仙氣十足

將蒸籠做設計主軸

為了突出包子鋪的特點，蒸籠造型佈滿整個座椅區，大小不同，形狀各異，給顧客帶來不一樣的用餐感受，此外座椅形式豐富，也能滿足不同需求。圖片提供＿古魯奇設計

色彩
運用簡單的黑紅黃色調，簡單而統一突出主題

座位設計
西式餐廳

在以聚餐為主的西式餐廳，不要忘記設置大桌與吧台座位，這樣才能讓團體及個人都能自在的用餐。高級西餐廳座位的設置應該稍微拉開，讓客人用餐保有隱私，而需要講求翻桌率與坪效的餐廳，座位則要以客人與服務生的動線為考量。

創造在家享用米其林料理感受

動線及座位安排必須讓工作人員及顧客都感到便利與舒適是 RAW 最基本的要求，此外餐桌的擺放位置也經過計算，讓每一組客人的座位都保持一定距離，讓用餐客人都能保有談話隱私。

用途
為了營造在家用餐的感覺，餐具都放置在餐桌的抽屜裡。

鏡面反射讓座位開闊

期盼給予消費者就像在家用餐般的自在舒服，因此座位區一側利用鐵件打造一個個家的框架，創造被包圍的溫暖感受。卡座沙發背後特別貼飾鏡面，且高度是對座坐下來的高度，反射延伸讓空間更開闊。圖片提供＿晴天見設計

材質
斜面鋪設的深淺兩色木紋磚，擾亂距離感、方向性，有放大空間的錯覺。

運用材質區隔座位動線

旅館與餐飲聯合經營的方式，讓設計師靈機一動決定採用床的概念串連空間，並透過顛覆視覺經驗的倒吊燈具、床架、傢具，讓人留下深刻印象。白色牆面為磨石子材質，溫潤且質感佳，甚至延伸為地面，與復古花磚形成對比且區隔出座位動線。圖片提供＿晴天見設計

用途
利用 FRP 材質等比例打造單人床、椅凳傢具，倒吊成為牆面裝飾，增加趣味性。

座位設計
日本料理

日式料理從高價位的懷石料理、鍋物到親民的燒肉、丼飯餐廳、居酒屋在台灣都十分常見，比較特別的座位設計是日式餐廳才有的和室，建議可用坐起來很舒適的挖洞式座席取代以往的塌塌米。

高低桌椅營造空間層次

長型高桌突破舊有座位規劃形式，提供不同用餐模式，強調人與人互動並分享美好的概念。圖片提供＿木介空間設計

卡座沙發釋放走道動線

鍋物的一樓座位區域特別利用卡座沙發的規劃，釋放出寬敞有餘裕的走道動線，也令消費者感到舒適。圖片提供＿晴天見設計

材質
木桌配搭配鐵件桌腳，在溫潤中展現獨特個性。

材質
左側牆面看似石材鋪面，其實是運用大圖輸出山林景致，既省預算又有視覺效果。

尺寸
長桌高度為108CM，靈感來自日本的立食。

用途
倚牆面的卡座沙發底下兼具收納，可存放店內乾貨、包裝材、面紙等物品充分運用空間。

木材質體現日式特色

老建築遍佈著許多令人困擾的樑柱結構，在儘可能保留結構體的狀況下，設計師將樑柱化為一棵棵樹，再延伸出山丘、月圓等具整體的自然語彙。座位之間的隔間利用鐵件和木作貼皮方式構成，型塑出如山牆般的效果。圖片提供 _ 晴天見設計

用途
其中幾個樹柱也巧妙地隱藏了下抽式抽風設備的管線，兼具美觀與實用。

餐桌成為人與人之間情感交流的載體

利用樹枝這個意象，反射出人類交流的狀態，透過樹枝的轉換，成為餐桌的佈局，烤肉設備的選用精巧而別致，創造一種少見的特別用餐體驗。圖片提供 _ 古魯奇設計

材質
木材質體現日式餐食的特色

逆轉小空間成就大容量

對於面積不大而狹長的空間，為了爭取客容量，桌椅的造型就尤為重要，圓形曲線更是可以增加餐位的數量，木色材則是日式料理的象徵。圖片提供 _ 古魯奇設計

材質
材料的選擇與色調相統一，牆面的竹子造型則與天花相呼應。

座位設計
咖啡館

咖啡館桌椅的配置可以依照營運上的規劃來把握，不同類型的咖啡廳會有不同桌數與人數上的需求，外帶店的座位通常很少，並大多是吧台椅；內用多的咖啡廳座位區就必須靠設計與型態分區避免單調。

用主要造型來分隔空間

北歐風是咖啡館常見風格，並以樹枝作為空間內的主要造型，豎向的樹枝造型讓人們有身處都市叢林用餐的感受，用來劃分不同的空間，也可以決定座位區的開敞和私密，塑造不同氛圍。圖片提供 _ 古魯奇設計

天然木調圍塑溫馨氛圍

染色橡木從座位區的天花、壁面延續至座椅椅背，材質的溫潤質感搭配柔和的光線安排，圍塑出座位區域的溫馨氛圍，營造讓人舒緩放鬆的空間情境。圖片提供 _ 木介空間設計

材質
大量選用染灰棕色橡木，並在天花與座椅以鋁、金屬等材質搭配點綴，增添空間獨特個性。

色彩
以白色調展現北歐設計的極簡美感。

動線
利用地板高低差界定出吧檯區與沙發區，並巧妙形成過道，引導行走動線。

座位設計
小酒館

在小酒館或是酒吧裡，依照不同的類型座位桌椅的需求不同，但吧台區的座位設計是最需要注意之處，吧台座位能為客人提供更好的服務與互動。

靠背高腳椅降低不適

位於俄羅斯莫斯科市中心名列全球 50 大餐廳之一的 Door 19，其寬闊舒適的空間有別於一般酒吧擁擠的不適感，有靠背的高腳椅設計，也減低一般人坐在吧台邊的不適感。圖片提供_PH.D 攝影_ ArtKvartal

裝飾
以街頭塗鴉與藝術品增添文藝氣息與新鮮感。

座位設計
吃喝小店

一般路邊攤的座位多為在攤車的四週，設計時須注意餐點與客人食用的方便性，台面建議選擇易清理如不銹鋼等材質，椅子則可選用容易摺疊或疊放的凳子。

高腳椅不能說的秘密

座位區切分成前段的高腳椅座位區和後段的包廂區，為配合來往人流，方便食客們稍事休憩用餐，吃完就走！圖片提供 _力口建築

尺寸
將椅間距離控制在約 45 公分左右，延續夜市裡有點擠又不會太擠的用餐情境。

追求照顧客人與工作人員的適切設計

吧・台・設・計

　　吧台不只是客人的座位區,同時也是工作人員主要的作業區之一,除了尺寸、風格、材質的考量外,位置的安排也會影響店裡的動線,因此適宜的尺度與多面相的規劃,才能讓客人和工作人員都舒適好用。

Solution 1

根據設備品項決定吧台尺度

一家店的招牌設計取決於餐飲空間的類型,知名連鎖品牌的餐廳招牌通常是規模大且設計搶眼,但若是訴求低調內斂的小型料理店,或是溫暖的手作烘焙咖啡館,招牌不見得要擺在非常明顯的位置,可以設計在較為不顯眼的角落,搭配為透燈光的作法帶出店的主軸氛圍。

吧台長度大約會在 210 ～ 230 公分左右,以擺設 POS 機、店卡、咖啡機為主。

Solution 2

高吧有氣氛,低吧好親近

一般餐飲空間的吧台有一類為獨立型的吧台,通常多數會規劃在落地窗前,讓顧客可以欣賞到更好的景致,這類吧台高度大約會在 110 公分高左右,搭配懸掛一整排的吊燈,達到空間氛圍的塑造。另一種情況是,吧台既是料理準備區也是座位,如在吧台前端另外延伸桌面,高度降低至約 90 公分,坐起來更為舒適。

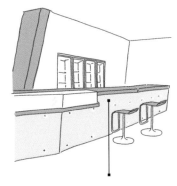

吧台前端另外延伸桌面,高度降低至約 90 公分,坐起來更為舒適。

台面深度視吧台功能而定

假如是販售飲料和輕食為主的餐飲空間，台面深度或許可以縮減至 25~30 公分左右，但如果販售的餐點是套餐形式，食物再加上餐盤的使用，又或者是吧台前預備有座位的情況，台面深度建議至少要達到 40~60 公分左右，甚至也許應減少吧台座位的設計，避免客人用餐的不適感。

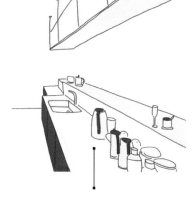

以飲料和輕食為主的餐飲空間，台面深度為 25~30 公分左右。

餐點是套餐形式，台面深度建議至少要達到 40~60 公分左右，避免客人用餐的不適感。

作業區以防水耐用材質為佳

摒除純座位式的吧台，吧台材質選用上，內側作業區必須要以防水、耐用、耐燃為主，台面最好也要使用耐磨材質，不鏽鋼是外帶飲品店最常使用的選擇之一。吧台上若有電器設備，耐燃材質是最好的，例如：人造石、美耐板等，如果是ㄇ字型吧台，一側吧台沒有任何餐點製作功能的話，則可以無須考慮清潔實用性，混搭其他材質創造個性，另外，吧台內側地面建議也要選用防滑材質較為安全。

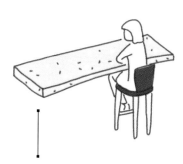

吧台台面最好使用耐磨材質，台面上若有電器設備，耐燃材質是最好的，例如：人造石、美耐板等。

Solution 5

吧台材質著重舒適觸感

有座位功能的吧台,在桌面材質的選擇上,建議以木皮、實木或是具有實木刻痕凹凸面的美耐板為主,觸感較為舒適,同時也兼具好清理保養的優點。

桌面材質的選擇上,建議以木皮、實木或是具有實木刻痕凹凸面的美耐板為主。

Solution 6

狹長空間安排在中段最精簡人力

狹長空間若將吧台安排在基地最深處,由於距離入口太遠,因此難以招呼進門或者是外帶的客人,因此建議此時可將吧台安排在空間中段位置,空間因此可略做區隔,站在吧台時可同時注意內用客人服務需求,又方便招呼外帶客人,小型餐廳也藉此可精簡人力。

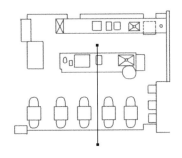

吧台安排在空間中段位置,站在吧台時可同時注意內用客人服務需求,又方便招呼外帶客人。

Solution 7

分開安排強調各自功能

由於吧台經常會扮演廚房出餐前的確認工作,因此吧台、廚房兩者幾乎會被安排在鄰近位置,但當店面面寬不足又過於狹長時,兩者同時安排在後段位置,反而不便於服務客人,因此此時可把吧台位置往中前段位置挪移,整合吧台與接待客人工作,外場人員則從廚房單純出餐即可。

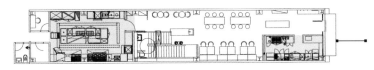

廚房與吧台分開,僅需要單純出餐即可。

挪移出餐動線方便吧台工作

廚房出餐口安排在吧台位置雖然方便，但在出餐時外場人員需進到吧台內取餐，此時若吧台區寬度不夠，就很容易與吧台手相互碰撞，不僅危險也造成吧台區擁擠，因此建議將廚房人員出入口設置於吧台內，平時廚房人員不常出入，因此不影響吧台工作，出餐口可拉至廚房側牆位置，動線分流解決吧台區擁擠狀況。

安排在空間最顯眼位置

不可或缺的吧台佔據了絕大多數空間，與其想隱藏其存在感，不如順勢安排在一入門最顯眼的位置，讓吧台自然成為空間裡的視覺焦點，不過若是有此想法，在設計上需多花巧思，才能讓人一進門就有驚豔感。

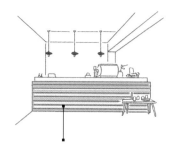

將吧台安排在一入門最顯眼的位置，讓其自然成為空間裡的視覺焦點。

用適合的吧台高度來招待客人

隨著座位與店員的距離食物或飲品提供方式不同，吧台也有各種不同的高度，吧台較高時，高度與台面差不多高的腰板也會變得醒目，設計時請務必留意；而腳踏板也盡量使用就算被踢髒也不會太明顯的材質。

| 日式料理店 | 櫃檯 | 壽司店 | 丼飯店 | Bar | 鐵板燒店 |

依照店型的不同，吧台高度也有所差異。

吧台設計
日式料理

日式迴轉壽司、火鍋、燒肉或居酒屋等料理店常有吧台座位，可以讓師傅更直接面對客人提供更好的服務，吧台台面盡量避免用沒有溫度的美耐板，可改用原木或是石材，讓客人更感受店家希望提供美食的溫度。

L 型吧台讓煎餅香味四溢

圍在此 L 型吧台的高腳椅和垂吊的暖簾，襯著煎餅的熱騰騰香氣，成為空間中的第二焦點！圖片提供_力口建築

兩層吧台更節省空間

居酒屋的特色在於狹小的空間尺度，吧台透過座位的窄小，促成人與人親密的用餐關係。兩層吧台，上層放料理，下層則是用餐空間，相對節省空間。圖片提供_Jean de Lessard 攝影_Adrien Williams

材質
吧台台面面使用實木，讓顧客除了味覺得到滿足觸覺也更有溫度，而隔間則使用木色美耐板控制整體預算。

用途
兩層式的吧台設計讓菜餚可放在上層，下層則是用餐空間。

吧台設計
咖啡館

吧台是咖啡店的核心，型態常會隨著咖啡店的種類或是沖煮方式而有所變化，常見有快速外帶型、內用基本型、內用餐廳型、中島型等，可依照這些選擇適合的吧台與設備。

L型吧台整合出餐、料理與櫃台功能

位於空間主軸的吧台，同樣也是輕食、飲品的製作區域，運用豐富的材質突顯吧台的獨特性，搭配鏡面的反射效果，創造空間的異想趣味。圖片提供_晴天見設計

尺寸
L型吧台整合了出餐、製作料理、結帳櫃台功能，並依據兩側出餐、結帳櫃台的需求抬升吧台高度。

材質
菜單後方的玻璃材質，降低視覺的壓迫性，吧台立面則運用古典線條語彙突顯精緻質感。

木吧台暈染出空間咖啡館溫馨質感

利用室內結構柱定位出吧台位置，並一路向內延伸至座位區，綿長的木質吧台除為空間鋪設主要質感外，也兼具了點餐、甜點櫃與工作區等機能。圖片提供_鄭士傑設計

用途
將無法移動的結構柱轉化為走道與吧台的分區定位點。

工業風咖啡廚房的俐落美

以煮咖啡與甜點輕食為主的廚房，配合店內的工業風設計選擇以不鏽鋼台面與黑色櫥櫃來展現俐落感，就連空調系統也相當有工業風的FU。圖片提供_鄭士傑設計

材質
台面採全金屬材質，在耐用度與專業性上都滿分。

吧台設計
小酒館

　　小酒館或是吧台的酒保常是店裡的魅力所在，吧台可以設計成站著喝酒的高度，參考高度約 110 公分，店內人多混雜時則可讓客人在吧台付現取餐。

酒與杯轉化為藝術裝置

以生蠔與酒為主食的 BAR，除了放置必須的酒類與水酒杯等，更設計大量杯架與美麗的木酒櫃來做擺設，成為餐廳中耀眼的端景。圖片提供 _ 鄭士傑設計

私人招待所的酒吧設計

私人招待所形式的酒吧以酒類供應為主軸，ㄇ字型的設計則讓吧台與酒櫃在視覺上融為一體，空間感更為簡潔。圖片提供 _ 台北基礎設計中心

燈光
不同於商業酒吧，這裡沒有提供太多的酒類選擇，搭配燈光成為視覺陳列。

設計
吧台後的酒櫃刻意以弧形線條來凸顯輕古典的設計細節。

DECO
沙發單椅搭配大型桌面，打造 Lounge Bar 的居家聚會閒適感。

吧台設計

吃喝小店

常位於路邊的吃喝小店，吧台是主要營利的重點設計，食材的擺設、清潔狀態都是客人在意且一眼即能了解之處，在設計時需要多多留意，可運用格柵或是冰櫃將食物區隔，台面也盡量選用易清潔的材質。

工具吧台的使用機能

位於大學校舍入口處的文創餐飲空間，大片玻璃的窗片使用可看見街外樹景，販售咖啡輕食的吧台也簡潔俐落，以不鏽鋼為主方便清洗整理。圖片提供_台北基礎設計中心

用精品概念重新定位傳統小吃

二代經營的傳統小吃—雞腳凍、滷味，以顛覆價值觀的概念，運用線條、木素材與清水模打造具現代感的氛圍，享用雞腳凍也可以很優雅、精緻。圖片提供_晴天見設計

材質
以大片玻璃讓空間的採光明亮，呼應由裡到外的穿透感。

材質
吧台結構以純正清水模灌注而成，搭配線條簡約俐落的木素材，展現自然質樸的氛圍。

材質
簡單的工作吧台以不鏽鋼打造，清潔和整理都十分便利。

用途
吧台除了點餐、取貨之外，也提供試吃、與消費者互動的功能，讓傳統小吃升級。

與顧客最貼近的設計

家具・器具・CI・菜單

專業的餐飲空間設計師在挑選家具、器具、CI 設計、菜單提案擔任要職，因為精良的平面設計與製作物除了可以快速讓顧客了解餐廳之外，同時可以有效的降低造價，而平面製作物無論多複雜，單價都約略相同，且平面設計不須要解決因地制宜的問題，效率也相當高。這也是設計師在執行商業空間案件時需同時提醒業主之處。

Solution 1

家具風格隨空間設計走最安全

最安全的家具風格當然是跟著室內風格走，同類型的設計可以有強化風格的效果，但是，對比的風格搭配也可以創造強烈反差與個性感；其實還是要看餐廳想要吸引什麼樣的客人，若是一般餐廳則可以選擇樸實的現成家具即可，例如 IKEA 的現代設計算是較通用的風格。

家具應依照室內設計風格而定，同類型的設計有強化風格的效果。

Solution 2

吧台選用椅背款、可升降讓客人更愛用

高吧台最令人擔心的就是坐起來沒有一般餐桌舒服，尤其是有提供餐點的餐飲空間，也因此，在挑選吧台椅的時候，建議可選擇有椅背的款式，讓身體有支撐，才不用一直彎腰駝背，同時也可以選擇具有高低升降的功能，就能符合各種身形的顧客使用。

一般高腳椅令客人覺得不易坐得舒適，適度加上椅背則可改善此問題。

家具尺寸取決於餐廳風格定位

坪數雖然也是需要考量的因素,但最重要的還是餐廳的定位,高級餐廳在傢具選擇上會相當考究尺寸與舒適度,而價位較平實的餐廳則應考慮翻桌率,若是座位太舒服反而會讓客人坐太久,不利於快速翻桌。

通用吧台尺寸

通用四人座尺寸

通用立食尺寸

家具、器具選用取決於空間主軸

吧台桌椅的風格和款式,基本上從空間設計去做延伸,通常不會有太大的問題,但要讓材質、色調有統整性,舉例來說,野營咖哩的主軸是露營,所以設計師特別訂製一張有著露營三角架概念的吧台桌,桌面結構也是鍍鋅材質,呼應露營情調的原始感;又好比走的是自然戶外調性的咖啡館,吧台椅則以木頭搭布質椅面,帶出溫暖氛圍。

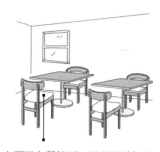

木頭搭布質椅面,呈現溫暖氛圍。

特製三角吧台椅,強調露營情懷。

Solution 5

家具影響併桌方便性

桌子形狀對於空間分配並無絕對的影響，但若考慮到客人會有併桌的需求，則以方桌最適合，如二張 2 人座的方桌很容易併桌為四人座，但若為圓桌的話就較不方便。另外提醒預算少的業者可以把貴的桌椅放在門面，而內部則可選擇較便宜的傢具，這樣較可顧及餐廳的質感。

Solution 6

用細節明確彰顯餐廳精神

過去許多傳統的餐廳，在室內裝潢做完之後，才開始發展平面製作物，例如海報，產品照片，宣傳品，甚至只願意花少許的預算在菜單與明片上面。其實平價的餐廳，尤其位於路邊的餐廳或是百貨店面，精美的平面設計與製作物更是可以快速讓顧客了解餐廳之外。最佳的平面設計，是與空間設計整合，補足室內設計無法因時間調整的缺憾。例如室內牆面有時候也必須有平面設計配合，像是牆面上關於自家品牌的形象海報、貼字，或是食物的照片，可以增加整體氣氛。

Solution 7

用五感享受餐廳設計

器具與菜單等是能最直接傳遞餐廳定位、精神的媒介。當餐廳一開始即打算以品牌經營或是已經邁入軌道，需要更進一步的提升服務，設計師也能建議業者自行製作餐具或相關產品，例如馬克杯、筷套、杯墊等等。從器具引領顧客了解餐廳品牌，是極為細膩卻又是最直接的方式。

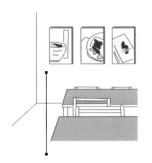

CI 設計、家具、餐具等是能最直接傳遞餐廳定位、精神的媒介。

一張好菜單增加餐廳營業額

菜單的好壞對於餐飲空間的營業額影響甚鉅，設計製作菜單時請特別留意以下事項。首先了解商品的分類有兩種方法：食材分類法與料理分類法，食材分類法就是將料理依「魚貝類料理」、「蔬菜料理」、「肉類料理」等作分類；料理分類法則是依炸類、蒸煮類、燒烤類等分類。

中式料理多採取食材分類法，日式料理則喜愛採用料理分類法，兩種各有其優點，也可以混合使用，重點在於讓客人方便點餐。而因為菜單有好幾頁，盡量先列出最低價的料理，每換一頁價格則提高，如果反向排列，則容易讓人有找「便宜菜色」的感覺。而主要賣點或是主推的菜色最好擺上大照片或將文字、照片框起讓其更為顯目。而菜單的尺寸可以四人座餐桌來作範圍分成四等分就是適切尺寸，也就是說每位客人各看一份菜單，也不會影響到其他人的活動空間。

料理的品項數目會影響菜單類型，如果是以翻桌率創造業績的餐廳，最好選擇單頁或兩頁合上成一頁的菜單；而高價位的餐廳則適合採用裝訂成冊的菜單。而是否要使用照片則各有各的優點，例如一間休閒風格的法式小酒館，目標客群主打不是熟悉法式料理的客人，最好在菜單上刊登料理照片；相反的，如果以精通法式料理的人為目標客層，則可用純文字菜單並附錄商品說明方便客人想像料理的內容。

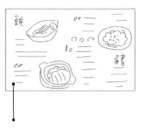

以食材作為分類的菜單

以料理作為分類的菜單

擁有照片的菜單讓人一目了然

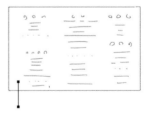

以文字敘述的菜單則讓
人擁有想像空間

家具、器具
工業風

家具、器具在餐廳設計之中，是相當重要的，尤其是注重生活感少量裝修的店家中，家具可能佔了整體店面很大的一部分，其設計以及挑選，往往會劇烈的影響整體的視覺，也成為餐廳設計的一個重要課題。其擺設常清楚區分空間風格，工業風可以說是當代商業室內設計中流行的風格，世界各地都有自己的工業傳統與文化：帶有些許雅痞的英倫工業風格，就很適合小酒館，或是平價餐廳，而澳洲早期有許多碼頭、運輸設備等較工業化的設施，許多餐飲店充滿硬派工業風格，而在台灣搭上具有歷史的老件也能成為充滿台灣味的工業風。

運用台灣元素打造工業風格

刻意將牆上的漆面敲打至紅磚裸露，地坪則保留原本的水泥粉光讓台灣老空間的特色營造出原始的舊時代感，再簡單的放置厚實的原木長桌與鐵椅搭配搶眼粗曠的工廠吊燈，台式工業風油然而生。攝影_江建勳

設計

為了提供充足的照明，早期工廠使用的燈具量體都較大，運用現在空間之間，能創造很搶眼的工業視覺效果。

運用門片展示工業風格

穀倉牆面與取自於廢棄貨櫃的倉庫門十足符合 LOFT 字面上的意義,工業風餐廳可運用這樣的單品,營造出更粗曠的倉庫氣息。攝影＿江建勳

設計
利用 LOFT 穀倉靈感將木棧板作米字拼貼,增加大面積門片強度,同時展現木料紋理的真實深淺色澤。

設計
取材自廢棄貨櫃的櫃門,不經過改造即能做出與木作、鑄鐵大門風格截然不同的真實粗曠。

Nicolle60 公分高凳子

俗稱鯨魚椅的 Nicolle 凳子與椅子系列產於法國 1933 年,當時為了因應 20 世紀初工廠作業時的安全性與舒適度而創造,最廣為人知的特色就是模仿鯨魚尾巴所塑造出的椅背,是 Nicolle 椅子的主要標誌。攝影＿沈仲達

TOLIX A Chair

A Chair 是非常經典的法國咖啡座椅,新品到現在也一直持續在生產,在材質上除了有粉體烤漆的選擇外,另有鐵色、鍍鋅等版本,在居家的配置上能更活用搭配。攝影＿Amily

家具、器具
北歐風

Less is more!「需求的滿足」和「問題的解決」去除華而不實的設計和譁眾取寵的需求是北歐風的註解之一，營造現代北歐風，家具燈飾的採購配置絕對是重點，北歐設計的家具備受世界讚賞，其中又以來自丹麥的設計最受推崇，Arne Jacobsen、Borge Mogensen、Finn Juhl、Hans J. Wegner 四位丹麥設計師就被稱為丹麥四巨匠，而來自瑞典的國民家具品牌家具和芬蘭的織品，都是打造北歐風餐廳不容錯過的選擇。

加上綠色植物與環境產生共生關係

現代的北歐風除了簡單純粹外，也因環保意識的抬頭多了綠化的要素。Miss Green 不僅訴求身體環保，連家具也採用回收舊木製作，鄰近落地窗的位置順著窗型規劃吧檯座區，即使單獨前來用餐的客人也能欣賞戶外窗景。攝影 _Amily

設計
保留紋理質感的回收舊木桌面，呼應著品牌追求自然環保的精神。

Y Chair

Hans J. Wegner 所設計經典的 Y
Chair (原本編號是 CH24)，因為
椅背特殊的「Y」字線條，所以稱
為「Y Chair」，天然不上漆的原
木材質手工打造，再以皂塗裝保留
了最原始的質地與手感。Y chiar
在台灣非常受歡迎，可以常在餐廳
裡見到。攝影 _ 江建勳

ferm LIVING

ferm LIVING 醉心於北歐設計傳統
以及經典復刻，但是卻藉由俐落的
線條讓產品更具現代感。品牌的構
想來自他看見了自樹梢上的小鳥正
準備要振翅高飛的瞬間，而這隻小
鳥也就成為於 ferm LIVING 的商
標的一部份。攝影 _ 江建勳

家具、器具
東方風格

中華料理與日本料理在台灣餐廳是大宗，中餐廳裡中式傳統風格的餐廳仍是主流，傳統的高級餐廳，常以紅、黃、黑色調等代表宮廷的色調展示，深色實木桌椅、青花瓷、琴、棋、書畫等裝飾常見餐廳擺飾之中；而日式料理一直在世界料理中占有一席地位，例如燒肉、壽司，都是源自於日本傳統文化，也因此大多數的燒肉店與壽司店也相當仍度的保持日式較為靜謐、禪風的風格。

格柵、日式琉璃瓦展示日式風格

採用鏤空的格柵作為屋簷使光影恣意遊走，上方覆蓋瓦片強調沉穩性格，都是日式餐廳常用的設計手法用家具與器具展現日本禪風。圖片提供 _ 力口建築

青花瓷杯盤帶出中國味

中式餐廳有非常明顯的裝飾與擺設，不脫古典貴氣的樣貌。設計師運用中國青花瓷盤為靈感發想的巧思布滿整個牆面，跳脫過往傳統的樣貌。圖片提供 _ 古魯奇設計

設計
具有小河童 LOGO 的招牌，掛在純白的外牆上，是設計師的巧思，微黃的燈光像是一盞溫柔的燈，等待著客人光顧。

設計
將帶有中國風味的青花瓷盤貼滿整個牆面，點出中國味，設計卻令人耳目一新。

家具、器具
鄉村雜貨風

鄉村田園餐廳也深受台灣熱愛自然的人們喜愛這類風格，台灣這樣的風格以小餐館與咖啡館居多，並多受歐洲與日本的影響，綠意盎然、大部分的木材質堆疊、以自然材料參雜雜貨是典型的表現方式，店內擺飾的家具、器具多有販售，也為餐廳帶來另外收益。

將擺設作為販售之一

店內有獨立廚房、烘焙、咖啡飲品以及花藝整合在長達 400 公分的吧檯上，吧檯後方牆面運用洞洞板作為收納花藝工具與餐具，既實用也更有生活感。攝影_Amily

以植物彰顯田園風貌

鄉村風格不只是一種鄉村與懷舊的氣氛，同時也可能是一種地區特質的呈現，台式香檳餐廳將鄉村印象與台菜結合，並用垂墜植物與木桌椅展現鄉村風情。圖片提供_鄭士傑設計

設計
花藝雜貨不僅是空間裝飾的一部份，也可販售為餐廳帶來另外收益。

用途
充足的採光讓空間產生明亮自然的氛圍，給予居住者朝氣而健康的生活環境，是田園鄉村的最佳詮釋。

首重排煙排水系統

廚·房·設·計

專業諮詢／廚霸王不鏽鋼工業有限公司、今硯設計／今采室內裝修工程有限公司

設計廚房時，面積的大小會受到一天的供餐數量、設備多寡等而定，理想狀態下，廚房面積需佔餐廳總面積的 1/4 最為適當，才有足夠空間存放食材、設備以及作業的範圍。另外，根據政府規定，餐廳廚房必須做好妥善的排煙、排水系統，確保消防的安全之餘，也讓排放的油水經過層層過濾，以免污染自然環境。

Solution 1

優先決定爐具設備的位置

在配置廚房設備時，首先會先考量爐具和烹調設備的位置。這是因為爐具設備會產生高溫，需避免設置在與鄰居相鄰的牆面，否則高溫影響鄰戶，因此一般設在面臨後巷的區域、不與鄰居共用的牆面，或甚至可置於廚房中央。決定好爐具位置後，接著要考量洗滌區的位置，先設想行動模式：「從用餐區收完碗盤後放到廚房。」因此建議洗滌區設在廚房入口附近，這樣的動線最短最便利且不會相互干擾、也最省力氣。

再來配置工作台、水槽和儲藏空間，工作台是作為洗菜、切菜和擺盤的地方，因此多半設置在靠近爐具和冰箱旁，使烹調工作更方便。另外，廚房多半會設置 2～3 個水槽，分別是洗碗、備料、烹調時會用到，要注意的是，洗碗的水槽一定會與備料和烹調分開使用。

廚房配置

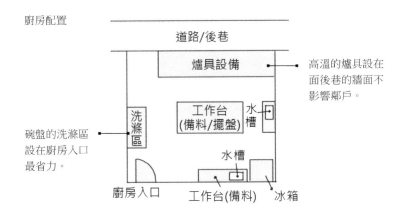

道路/後巷

爐具設備

高溫的爐具設在面後巷的牆面不影響鄰戶。

洗滌區

工作台(備料/擺盤)

水槽

碗盤的洗滌區設在廚房入口最省力。

水槽

廚房入口　工作台(備料)　冰箱

Solution 2

依照餐廳類型，選擇適用的爐具設備

不同類型的餐廳，會有獨特的爐具和烹調設備。像是義式餐廳，一定會配備義式煮麵機；而美式餐廳則可能會有炸物、碳烤等料理，因此油炸爐、碳烤爐是首選之一，若是有搭配排餐，則另外有煎板爐的設備。另外，中式的餐廳大多以大火快炒的料理居多，因此設備以炒爐、瓦斯爐灶為主。咖啡廳則是以烘焙咖啡的機具為主，並搭配製冰機或是儲冰槽，若有餐點的設計，多搭配簡易的電磁爐，若另外有甜點，則需再購置甜點冰櫃。不過，設備的選配多是由主廚或管理者與廚具廠商共同討論，多半依照主廚的使用習慣決定。

而設備的數量則會依照桌數、出餐數、主打菜色、廚房面積等因素而定。桌數越多、配備的設備數量需相對能因應出餐量的需求，避免拖延出餐時間。以中式餐廳用餐區有 20 桌為例，建議搭配 5 口爐具較為適當，其中 4 口用於快炒，1 口用於炸物。

爐具的種類和數量會受到餐廳類型、出餐數、桌數等因素影響。圖片提供_廚霸王不鏽鋼工業有限公司

設計細節 TIPS

洗滌區設計

一般來說，餐具的洗滌區會直接設置自動洗碗機或是人工手洗的洗滌設計。若有自動洗碗機，旁邊多會再配置一個水槽，作為加強清潔之用。若是為人工洗滌，則需至少設計 3 個水槽，分別為浸水區、清水區和脫水區。

Solution 3

走道、櫃體、工作台的尺度需符合人體工學

設定工作台或爐具設備的高度時，多會以主廚的身高為基準。以亞洲人的體型來說，高度多半在 80 ～ 85cm，若主廚為歐美人士，則會加高至 90cm 左右。工作台若是靠牆設置，深度至少需有 75cm；若不靠牆，建議使用 90cm 以上的深度，兩人同時在工作台兩側使用時才有足夠的空間。

工作台上方設計的壁架，則是要考慮方便拿取，因此高度會在 140 ～ 150cm 左右，深度則是不超過工作台的一半，約 30 ～ 40cm 深左右，避免人在作業時撞到。除了壁架，也可做腰櫃或是落地櫃，一般高度落在 150 ～ 210cm 左右。

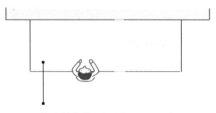

工作台若靠牆，選用 75cm 深度的工作台。

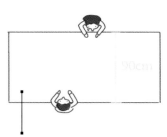

工作台不靠牆，選用 90cm 深度的工作台。

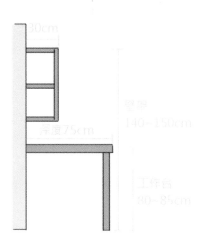

工作台和壁架的適宜高度

走道動線的部分,則要考慮主要的出菜通道、推車或人搬運貨物,甚至是兩人交錯經過的情形。依照人體工學來看,人的肩膀寬度為75cm、推車寬度為60cm、一人搬拿貨物的正面寬度為60cm。因此一人通過的走道設計,需至少為75～90cm;若是兩人交錯通過,則要150cm以上,像是主要的出菜動線是最頻繁進出使用的通道,建議在150～180cm左右為佳。要注意的是,為了讓烹調順利進行,爐具與工作台之間的走道建議設計為單人通行75～90cm的寬度,讓主廚一轉身就能作業,同時也能避免在烹調時有人從身後經過。

走道的尺寸

Solution 4

洗滌區和工作區增設壁架或吊架,方便收納

餐具的洗滌區和備料的工作台通常會額外設計壁架。洗滌區的壁架可作為碗盤的暫放區,等到收集一定碗盤的數量再一次清洗。而備料區的工作台多半需要擺放罐頭、調味料等,或是可作為菜單夾使用。

Solution 5

設置排煙設備需加強天花隔熱

在設置排油煙機時,排風管多半是走在天花裡,當高溫的油煙經過排風管時,溫度會影響二樓的地板,因此安裝排風管時,天花內部需加強隔熱。另外,排風管的出口不可接至下水道或水溝,以免造成污染。若是排風管出口無法朝向道路一側,則需將排風管延伸至建築物頂樓排出,在安裝前,需取得住戶的同意,並加強靜音、防水的措施,像是安裝避震器,避免馬達噪音影響住戶。

Solution 6

規劃完善的消防設備

餐廳的消防系統需規劃煙感警報器、
噴淋裝置、瓦斯警報器的警示系統。
瓦斯警報器的配置會依照瓦斯種類
的不同而定，像是天然瓦斯管線是
走在天花，因此瓦斯警報器需安排
在天花，若為桶裝瓦斯，則需配置
在離地面 20～30cm。另外，在不
幸發生火災的情況下，除了會在天
花設計噴淋裝置外，也需配備二氧
化碳滅火器。目前在排油煙機中也
有配備滅火系統，一旦發生火災，
就能讓火勢更即時的撲滅。

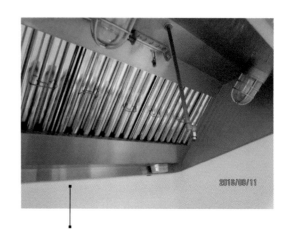

在排油煙機設置滅火系統，多
一重安全保障。圖片提供＿廚
霸王不鏽鋼工業有限公司

Solution 7

選用適當的排煙設備

由於餐飲業的排煙量遠遠超過家用的排煙，因此需依循政府制訂的法規設計，有效
達到降低空氣污染的目的。商用的排油煙機大致可分成水幕式和靜電式，水幕式排
油煙罩的原理是當油煙進入排煙罩時，先灑水讓水與油煙結合，再經過迴水箱過濾
淨化，避免油煙持續散佈在空氣中。靜電式排油煙機則是透過電極場，讓油煙帶電，
得以集結到收集板，淨化油煙。

像是中式餐廳的油煙較多，就適用水幕式的排油煙機；而西餐廳的油煙較少，就適
用靜電式排油煙機。但若是碳烤為主的西餐廳，會使用木炭烹調，進而產生灰渣，
除了需選用水幕式的排煙設備，還需有特別過濾出灰渣的設計，因此建議需依照餐
廳類型、烹調方式，選用適當的排煙設備。

Solution 8

不可忽略的油脂截油槽設計

廚房內部經常會用水清洗，因此必須做到能
快速排水的設計，需沿著所有有可能用到水
的區域設置排水溝，而排水溝末端需增設油
脂截油槽。這是因為餐廳的污水向來會有菜
渣、油脂存在，油脂截油槽能事先進行過濾
的處理，過濾後的污水才能排放到污水管，
以免污染海洋。

在設計排水時，需注意地面的排水坡度需在
1.5/100 ～ 2/100cm 的斜度，而水溝則需保持
2/100 ～ 4/100cm 的斜度，水溝的底部需為
圓弧狀，才不容易有廚餘殘渣堆積在底部。
水溝需有可搬移的掀蓋，方便事後清理。

油脂截油槽的設計概念是，當污水進入後，
首先會用網籃將大型廚餘攔住，通過網籃的
較重殘渣則會沉澱於底部，較輕的殘渣則順
著水流移至第二道關卡。第二道關卡則是讓
油水分離，截油後將水排放，接至污水口。
但截油槽會配合排水量或不同的廚餘類型，
而有不同的設計，若為烘焙坊、麵包店等用
到大量麵粉的店家，油脂截油槽則需額外進
行澱粉的沉澱處理，另外，要注意的是，一
般截油槽的深度至少為 60cm 以上，若店家
位於一樓且樓下有地下室的話，截油槽無法
下埋，必須將地面架高。

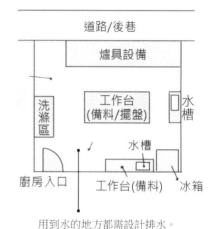

用到水的地方都需設計排水。

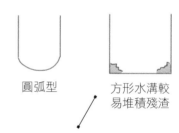

圓弧型　　方形水溝較
易堆積殘渣

水溝底部需採用圓弧形的設計，
可讓廚餘菜渣快速通過。方型設
計則容易在角落殘留菜渣造成清
潔不易。

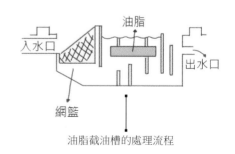

油脂截油槽的處理流程

Solution 9

維持良好通風和適宜溫度

廚房是高溫悶熱的環境，必須維持良好的通風和溫度，不僅讓作業環境變得舒適，也能避免食物在高溫的環境下腐壞。一般建議裝設吊隱式空調，優勢在於可安排出風口的位置。出風口建議設於備料區，需避免設於爐火區附近，冷房效能較佳。

另外，透過排油煙機將空氣從廚房排出戶外時，廚房內部會形成負壓，會使處於正壓的用餐區空氣流向廚房，能有效避免廚房味道流向用餐區。同時，廚房內部的空氣排出時，為了避免用餐區或室外新風流入廚房的風量不足，造成廚房持續處在高溫不通風的環境，因此必須設計補風系統，像是安裝抽風扇等，加強空氣流通。

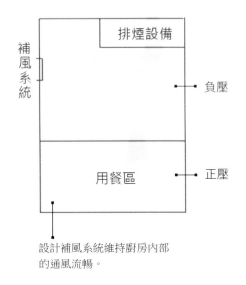

設計補風系統維持廚房內部的通風流暢。

設計細節 TIPS

進貨動線最好避開客人用餐區

餐廳經營還會有廚房進貨、各種物資補給，甚至機器設備維修的需求等，而這些內部進貨的動線規劃應避開客人行走動線，而且要注意動線的寬敞度與平順，以免貨物或大型機器不好出入。

補給動線要特別注意寬敞度

傳統餐廳多將廚房作業區規劃在餐廳後方位置，但有些餐廳強調烹調過程透明化，因此會將作業區移至前段位置，不過倉庫或備料區多半還是在後方。為方便廚房人員與物資設備進出，應留有後門作出入動線，但若無後門的空間則只能借用客人動線，應注意進出貨等補給要盡量避開營業高峰時間，同時也要注意補給動線的寬敞度。

NOTE

廚房設計
廚房分區重點

為了讓各個地區能夠順利運作，每個區域與機器的配置都應該仔細評估，以下將廚房分成生食處理區、烹煮區、冷盤區 / 出餐區、回收區與洗碗區、儲藏室、吧檯等設計重點。

生食處理區

不論是從儲藏室或冷凍庫拿出來的食材，都必須先經過此區在進入加熱區，此區一定要有水槽，同時避免與出菜區交叉污染。

主要料理區

主要料理區通常是廚房的核心部分，廚房設備最重要的就是爐具與抽風系統，爐具的種類很多，西式餐廳的爐具就會與中式的有很大的差距，西式講究文火慢煮，中式講求大火快炒，因而而抽風系統也會根據廚房熱能的估算來調整，為求減少油汙，現代化的抽風設備都應設置靜電機與風管相接，此外，加熱區溫度較高，設計時需要壁面耐熱與消防的問題 。

冷盤區 / 出餐區

冷盤區通常是通常是菜色後加工或擺盤的區域，如果有沙拉或冷食類的東西也在此製作，設備通常有一些工作台冰箱或是沙拉冰箱，而一般出菜口也會緊鄰在此區，如果沒有出餐口的廚房，廚房門最好是可以雙向開並且使用自動回歸角鍊，同時廚房門也必須防火。

回收區與洗碗區

回收區應與出菜區分開，避免汙染，廚餘與垃圾必須分類，餐盤回收直接進洗碗區是最好的配置，大型飯店的洗碗區通常會是獨立出一間，一般現在的餐廳都會使用商用洗碗機。

儲藏室

廚房在規劃的時候，一定要確保你有足夠的空間來儲藏所有的食物，不管是乾貨或

是放在冰箱內。在靠近高櫃及冰箱附近規劃工作檯面，可以讓採買回來後整理工作更簡單。儲藏室設計應注意濕度與溫度，通風應良好，超過一定面積之餐廳，應設置組合式凍庫或冷藏庫，較為經濟。

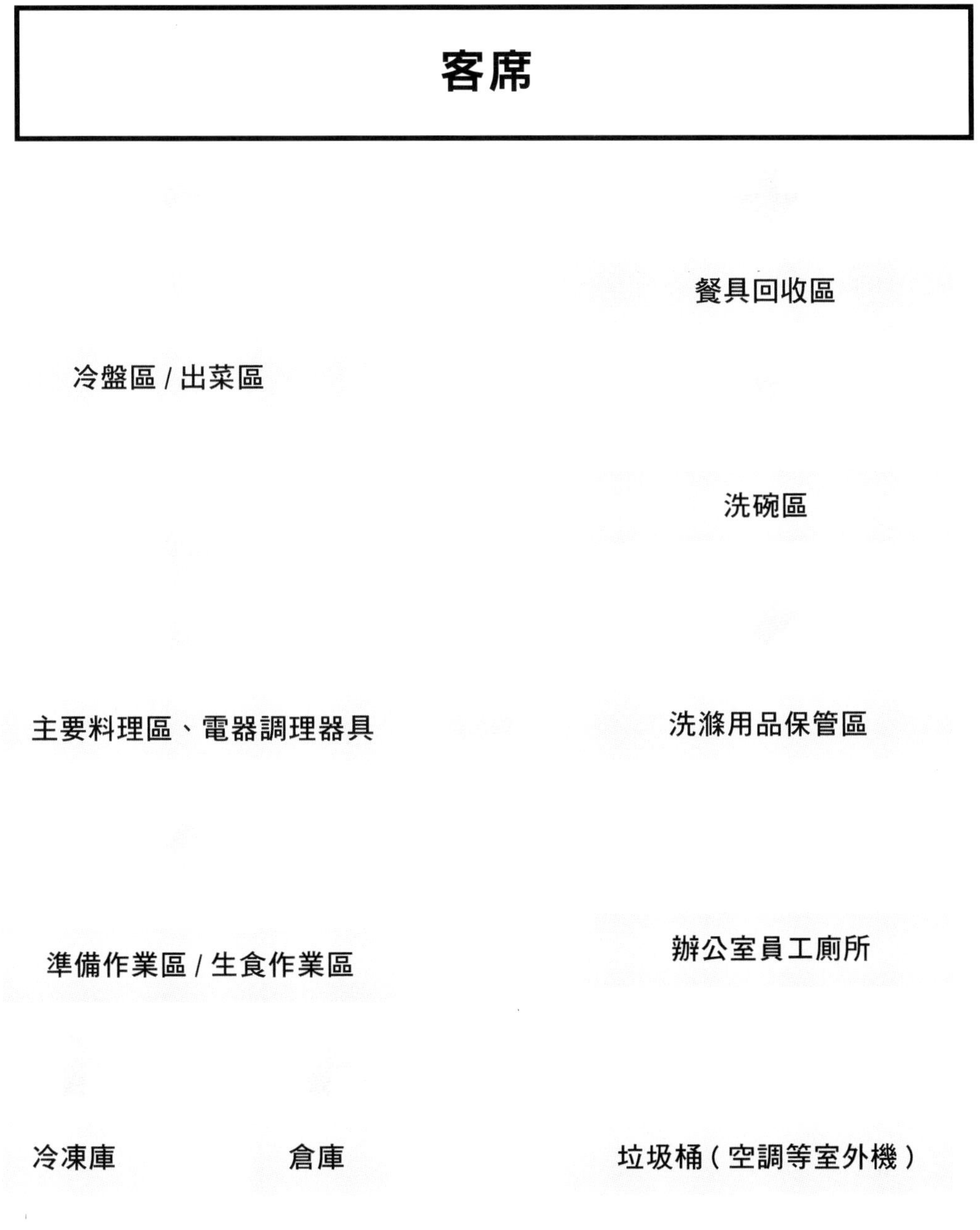

> # 客席

餐具回收區

冷盤區／出菜區

洗碗區

主要料理區、電器調理器具　　　　　洗滌用品保管區

準備作業區／生食作業區　　　　　辦公室員工廁所

冷凍庫　　　　倉庫　　　　垃圾桶（空調等室外機）

廚房設計
中式餐廳

中餐廳較特殊之處是常會希望能看風水，因為爐火代表生財工具，而因為中菜菜式有許多的派系，如川菜、湘菜、粵菜等等所需要的爐火皆不同。也因為中式料理講求作業效率和機能性，常就地清洗鍋具，鍋爐邊常須設置水龍頭與排水溝。

圖片提供 _ 集品不銹鋼有限公司

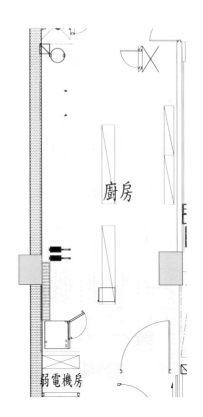

廚房設計
西式餐廳

西餐廳的配置有基本的配置方式，一般將主要的料理爐具至於中央，其他則放置鄰近處，但也會依照餐種與主廚的習慣做微調，一般餐廳廚房與外場的比例為 1:3，高級西餐廳則因為料理較為複雜多會再稍大些。

圖片提供 _ 集品不銹鋼有限公司

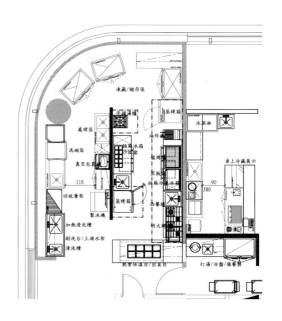

廚房設計
日本料理

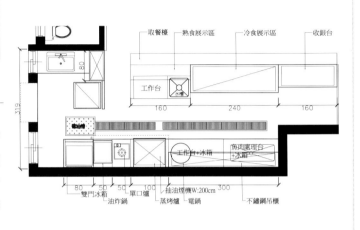

日本料理因為多為生食，在廚房的配置上冷凍冷藏的需求相對其他餐種較多冰箱配置，常是須優先設想之處，並因為壽司師傅常需站上作業台與客戶直接對應，如何讓師傅能完美的演出，並兼顧衛生與美味，是日式料理廚房設計時最重要之處。圖片提供 _ 集品不銹鋼有限公司

廚房設計
咖啡館

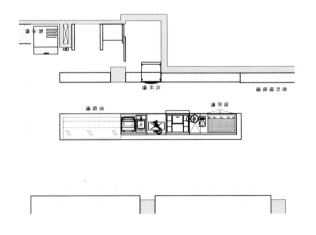

一般咖啡館如果沒有餐點供應的需求，多僅有吧檯而不設計廚房，在咖啡吧檯上以 Espresso 機為中心設置，機器下方則設置可冷藏牛奶與鮮奶油的冰箱，且因為吧檯常有多人在內部走動需考量動線是否順暢。圖片提供 _ 集品不銹鋼有限公司

以細膩為設計與服務加分

餐廳的設計除了裝潢外，照明的規劃在整體氛圍營造具有畫龍點睛的效果，光是光線的轉換，就能化腐朽為神奇。整體而言，高級餐廳與注重私密的餐廳，著重於重點式的照明，咖啡廳或是全日營業的餐廳，則應該較為明亮，而白天與晚上的光線也必須在設計時納入考量，咖啡廳在白天應儘量引入日光，日光顏色對食物與產品有非常大的幫助，但同時也需注意遮陽，格柵遮陽板或捲簾應在設計時一起考量。而除了燈光能讓人有天差地別的感受外，細節的設計更是客人回流的重點：舉凡隔間的舒適度、化妝室的清潔與貼心程度都能為餐廳加分。

照明 Solution 1

照明首要法則：食物第一其他為二

無論什麼種類的餐廳，照明都是以食物優先，桌面一定要打光，投射型燈具是最佳的用餐光源照明，須注意同一張桌面的明暗度不宜反差過大。並避免用餐時抬頭看到刺眼的投射燈，可使用有燈罩的吊燈則可以帶來氣氛，同時外觀造型較佳，無燈罩的吊燈則不能選瓦數太高的，鹵素燈燈光效果較佳，但 LED 的使用可以減少熱度與用電量。若是有特別節日，桌上也可有燭火以塑造氣氛。而一般餐廳照明，應以 3000K 為主，由其是桌面的部份，此色溫最能呈現食物與飲料的色澤，LED 則以最接近此色溫為主，其他空間與特殊照明不再此限，但一間餐廳最好不要有太多不同種燈光。

照明都是以食物優先，桌面一定要打光，投射型燈具是最佳的用餐光源照明。

賦予安心用餐環境的照明

一般來說顧客停留時間越短的餐廳照明就
會越明亮,而相對的一天一桌只接待一組
客人的人高級餐廳則光線偏暗,且應是不
讓眼睛感到疲勞的照明。而與時間對應的
照明、對有外部光線照入的店家就特別重
要,例如:咖啡館等。當外面天色暗下時
可在餐桌區的座席之間安裝下照燈,就能
在不提高視線上的照度情況下,讓人自然
而然接受光線的變化。

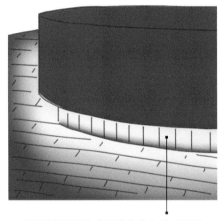

下照燈的設置令光線變化能自然而然讓
人接受。

深色調空間的照明法則

許多餐廳空間多是深色調的空間,如果天
花板牆面地板都是暗色系照明,光線的反
射效果就會很差,無法製造具擴散型的燈
光。因此在這樣的空間裡,主要在桌子上
方確保基礎光線的亮度,並重點式的配置
光線,讓光源分散在天花板、牆壁、地板
上,這樣可以製造出深度、也不至於讓空
間的重心過於下移。

壁燈光線從上下照明形成光
線聚集的焦點。

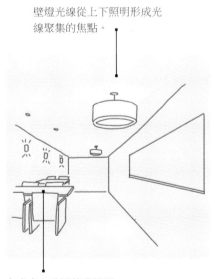

各桌桌上確認基礎照明。

照明 Solution 4

使用顏色與素材相符的燈光

儘管素材並沒有非要使用哪種光色不可的規定，但是每樣素材適合的光色種類多少還是有所限制。一般而言燈泡色等3000K左右的暖色，會讓素材感受變柔和並且凸顯紅色系的色調；超過4200K的白色則是給人剛硬冷酷的印象，因此紅色成分多的木材及暖色系的石頭適合與溫暖的光色搭配，透明的水晶、玻璃和堅硬的金屬、混凝土則需以白色光色來襯托其素材感。只是取得空間整體的色調平衡非常重要，因此不能每樣素材都用同一種光色，而是必須以整體的概念來挑選基礎光色，假如某樣素材在空間中佔了很大的比例，適合該素材的光色便會成為空間的基礎光色。

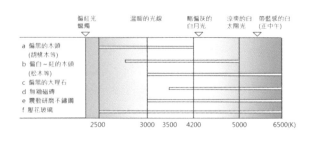

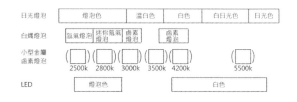

照明 Solution 5

讓壁龕整體發光

將店鋪空間想成一個箱子時，為了盡量以簡單的形狀充分運用空間。有時會將各種軌道和管線集中收納在一片牆面內，這時只要利用增寬到一定幅度的牆壁，設置展示用壁龕，就能為空間帶來寬敞感。如果想要有如藝廊般展示壁龕，可以讓壁龕內部發光，製造出展示框的效果。設置時可以採用四面側板安裝間接照明，色溫只要與空間的基礎照明互相搭配，空氣氛圍就能達到完善。另外也請事先想好需展示的物品，能夠展示餐廳概念的物品是最好的選擇。

牆面的色調較暗可加強對比性。

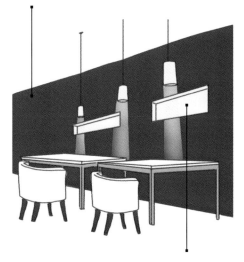

壁龕內的牆壁為白色。

矮隔間令人放鬆

不會過高的開放式矮隔間能自由的區隔店內空
間，讓人就算與鄰座的距離即使再近，也能因
為有了矮隔間能降低人們的警戒心，使座位變
成令人安心的場所也能帶給客人舒適感。

矮隔間最好能分隔出獨立空間，讓其看起來不狹
窄並有穿透感。

當桌子或吧檯較大時就可將大型
菜單豎起來區隔兩個位置。

思考空氣的流動

即使店內有冷氣空調管理溫度，但如果空氣
無法流動客人還是無法久留，而為了能讓換
氣善順利排出店內的髒空氣，就需要從外部
抽入新鮮空氣才能讓排氣與供氣的量達到平
衡，一般來說餐廳的出入口是最容易產生溫
差的地方，設計時需仔細地調整供排氣量的
平衡 。

廚房爐火旁需要新鮮空氣流通。

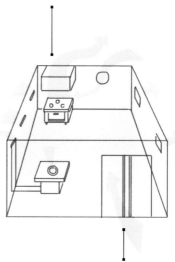

入口處是最容以產生溫度差的地方。

其他 Solution 3

擺放酒類的訣竅

如果餐廳內需要供應葡萄酒，店內準備
的種類也要多達一定程度才行：紅、白、
粉紅、氣泡酒之外，更有產地、年代、
葡萄種類之分，也因為每種酒最好喝的
溫度不一定，因此需要有各自的酒櫥，
而擺放的方式也有訣竅。

平放式：能充分浸潤軟木塞但
難以擺放大量酒瓶。

直立式：可清楚看
見瓶身的商標。

斜放式：洋酒最常見的存放方
式不但可以保持軟木塞的濕
潤，也能看見酒標。

其他 Solution 4

從化妝室看餐廳貼心程度

常有人說一間餐廳乾不乾淨，一是看廚
房二是看廁所。從這兩個地方可以看出
經營者管理的態度，廚房一般客人不容
易進入，廁所則是每個顧客都會使用之
處，除了員工要維護廁所的清潔之外，
設計師設計出讓客人願意愛惜使用的廁
所才是能維持乾淨的第一步，在設計時
請設計成「在這裡用餐會忘了這是間廁
所」的美好空間吧！

感應式水龍頭能免除客人慌張關水而濺濕洗手
台，也能達到環保的效果。

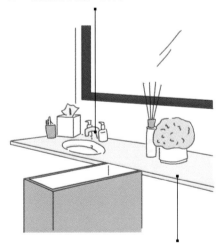

完整的備品是讓人感到貼心的小細節，可在
洗手台附近備妥漱口水、牙線、衛生棉、棉
花棒等。

身兼數職的化妝室配置

一個餐廳的清潔衛生可以化妝室觀察起，這是許多餐廳顧客的心聲，化妝室的配置應分隔男女避免混用，推門進出應該保持私人的隱密感，預設數量更是常會影響客人的等待與使用時間。因此建議餐廳每 25 人即備一間廁所，並可針對客群屬性配置嬰兒尿布床、哺乳室及無障礙設施。

而所謂客人行走動線就是直接引導向座位區的空間動線，規劃上只需注意流暢度即可，但如果有其他樓層規劃時，為避免客人都擠在一樓，則可將化妝室規劃在二樓或地下室疏散人群。

	男性	女性
馬桶	每 100 人 1 間	每 100 人 2 間
小便斗	每 25 人 1 台	------------------
洗手台	每 1 馬桶間 1 台 每 5 小便斗 1 台	每 1 馬桶間 1 台

內場動線需作明顯區隔

餐廳大致分為廚房內場（作業區）與外場座位區，除了外場的動線要演練設計外，為了避免客人誤闖內場，應特別將內場出入的動線與客人動線明顯區隔，若無法作分流，也必須設立門檔，並在門上以顯著標語提醒禁止進入；另外，洗手間的動線也要清楚標示，才能避免客人因找洗手間誤闖內場，造成不必要的麻煩。

設計細節 TIPS

聲音也是室內設計的一環

雖然聲音看不見也摸不著，卻是影響室內氛圍的關鍵要素。試想看看如果北歐咖啡館放著台語歌、高級西餐廳放著搖滾樂，是不是讓來的客人容易感到情境的混淆？因此設計師在設計空間時也可以試著詢問業主喜歡的音樂類型，說不定意外地會讓往後的營運與整體設計產生更密切的聯結。而常有人因為座位旁就是大音響而覺得干擾到用餐的心情，此時不如在店內各處擺放小音響音量就能均勻分散也能營造更好的用餐環境。

照明設計
高級餐廳

供顧客使用的照明中以桌面為照明目標的下照燈最為重要，最好能將光線控制在可稍微照到臉部的程度。白色桌面會反射光線，讓人的表情更加華麗豐富，天花板照明與桌面的反射光應以 7 比 3 為標準，來自天花板的強光若打在深色桌面上此比例就會被破壞照度差距也因此變大，容易讓眼睛感到疲憊，最好以牆面的間接照明或下照燈輔佐來自下方的光線。

不同光線展現豐富的視覺

馬廄小酒館內以馬鞍型態的曲線架構鋪蓋牛皮則成為獨立的私人空間，燈光營造也用心，從地燈到天花的軌道燈，都讓空間舒服無壓。空間設計暨圖片提供＿ PPAG architects ztgmbh 攝影＿ Helmut Pierer、Roland Krauss

日夜對比的美感

多面金屬帷幕牆面在模糊和清晰之間交錯融合產生雲霧繚繞的迷濛反射，在日與夜的光景呈現不同美感。空間設計暨圖片提供＿ PPAG architects ztgmbh 攝影＿ Helmut Pierer、Roland Krauss

用途
半開放包廂與長型餐桌使用不同崁燈，令視覺感受多樣。

材質
如果用平常的方法照亮有光澤感的素材，可能會造成燈泡反射因此將表面當成鏡子來設計，以展示的觀點讓反射不再刺眼。

休閒餐廳 / 咖啡館

　　咖啡廳或是全日營業的餐廳，應該較為明亮，可用間接照明搭配重點照明。這些設計在外觀上就可以明顯看出，而白天與晚上的光線也必須在設計時納入考量。

一桌一燈點亮歡聚美好

由牆面的線條延伸至天花板，拉出昏黃柔美的吊燈身影，不僅讓空間裝飾更見立體感，一桌一燈的配置也更見尊貴感。圖片提供_鄭士傑設計

大面窗景與光線呼應

由於店面前方視野遼闊，且兩旁行道樹眾多，蓊鬱綠意的美景自然形成，因此採用大面落地窗，讓室內與戶外產生連結，並設立臨窗吧檯，創造閒適抒壓的小角落。考量到用餐需求，加寬吧檯桌深度之餘，桌面也不靠窗，可運用深度增加，不論是餐盤或置物都有足夠的容納空間。攝影_葉勇宏

材質
吧檯立面圖案刻意採用中式設計語彙，讓香檳與台菜的主題更明確。

材質
與時間對應的照明，白天充分使用自然光，夜晚則可運用崁燈等直接照明或是壁燈等間接照明，營造不同氛圍。

照明設計

小酒館 /BAR

小酒館與 BAR 的相同之處在於：吸睛的吧台。在這之中大眾居酒屋常以約 7000K 的白色日光燈照亮整個空間營造活潑氣氛，如果是慢慢享用的店家則可在演色性佳的鹵素燈泡裡選用中角配光、色溫約 3000K 的種類，既可保有氣氛、也能方便作業。而酒吧吧台照明則是以顧客為主要考量，天板面只需 70Lx 左右的低照度即可讓人不會去在意四周。

以狹窄與鹵素燈感受溫暖

以摺紙為設計靈感，不避諱擁擠窄小的空間，位於加拿大蒙特婁的這間日式居酒屋刻意用不規則立面內壓縮的設計搭配上黃色溫暖的鹵素燈，讓人感受到無比溫暖。空間設計暨圖片提供__ Jean de Lessard 攝影__ Adrien Williams

工業風酒吧的定番吊燈

位於莫斯科享有全球 50 大餐廳之一美名的 DOOR 19，是集結當代藝術塗鴉與酒吧的複合式餐廳，濃厚工業風色彩的餐廳內，吧台運用定番吊燈讓酒品與食材看來更加美味。空間設計暨圖片提供__ P H. D 攝影__ ArtKvartal

材質
選用演色性佳的鹵素燈泡、色溫約 3000K 的種類，既可保有氣氛、也能方便作業。

燈光
讓光線由下往上柔和地照亮顧客的胸口處，客人的神情容貌就能變得更加柔和。

其他設計
化妝室

化妝室的照明可以有很多變化，但須注意洗手間的功能就是為了如廁以及梳洗，機能性一定是第一須考量的，例如女廁化妝燈最好從正面打光，方便女士們中場休息整理儀容等。

延續店內質感的衛生間

大量選用枯木與木柱、木皮等溫潤視覺的設計元素，既可延續餐廳內的設計風格，同時也讓衛生間的舒適性提升，達到高級餐廳的品質。圖片提供＿晴天見設計

設計
面盆與柱體之間利用空間架出層板來增加收納與擺設空間。

大尺度鏡面突顯空間氣勢

總坪數 580 坪的燒肉店，洗手間以寬敞的空間感規劃而成，並運用圓形鏡面呼應山、水、月的自然元素主軸。圖片提供＿晴天見設計

材質
特意訂製的超大尺度鏡面，讓人步入此處時再次感到驚艷，並回應空間的大器之姿。

用途
木作框架除了界定出洗手間的動線，轉折至立面更衍生為收納機能。

精品般洗手台成為端景

在小而精緻的餐廳內，考量洗手間或餐廳內用餐者都須使用盥洗盆，特別將洗手台移出，設置於左右二間衛生間的外側，開放的設計更方便。圖片提供＿鄭士傑設計

材質
藝術感圓柱面盆與龍頭等設計讓洗手台更融入整體設計。

餐廳做為一個商業空間，除了美觀舒適外更須要考慮經濟效益，
因此除了需要擁有第二章節所敘述餐飲空間的設計概念外，接下
來就是能深刻的為業主思考，怎樣的設計才能讓餐廳的生意獲得
極大值？

人們走進一間餐廳，第一要件是選擇餐種，第二則是依照需求選
擇價位，高級餐廳一般價位落在 700 元以上，設計與機能的細

3

餐 飲 空 間 設 計
需 求 篇 / 特 殊 需 求 篇

節是重點,並且室內設計與 CI 應有許多亮點,才能讓想要享受完整餐飲
體驗的人能獲得滿足。而 200-700 元的餐廳多以聚會餐廳為主,顧客們
講求高 CP 值,店主人則追求轉桌率,如何在這兩者中找到平衡就是餐飲
設計師的重要工作,200 元以下的則是以休閒為主,內部反而不需要多
餘的室內裝修,反而是平面設計與形象宣傳最為重要。而主題餐廳日漸
增多,本書特地於最後收錄現今正夯「親子餐廳」、「個人餐廳」、「寵
物餐廳」的設計要點與當紅餐廳範例。

文、整理—張景威 空間設計暨圖片提供—PPAG architects ztgmbh 攝影—Helmut Pierer、Roland Krauss

Steirereck
隱私又兼具自然享受的米其林二星

Steirereck 由來歷不小的主廚 Heinz Reitbauer 於二〇〇五年開設，Reitbauer 家族在奧地利一直享有盛名，他從小就學習經典奧地利傳統烹飪手法，有自己獨立的農田專門栽植食材，不僅如此還有自己生產的起司農莊，因此起司在 Steirereck 的菜式平衡中佔有十分重要的角色。從料理中可發現 Heinz Reitbauer 所主張的「Neo-Austrian with historicalbent」，也就是以自然食材搭配創新料理手法，做出傳統奧地利血液的菜式。Steirereck 在二〇一三年拿下「世界 50 最佳餐廳」第 9 名，是奧地利最炙手可熱的餐廳，同時 Heinz Reitbauer 也獲得了米其林二星以及知名的法國美食指南 Gault Millau 19 個廚師帽的榮譽。

DESIGN

將餐廳建築結構延伸至公園

作為世界上最好的餐廳之一，奧地利維也納二星餐廳 Steirereck 幾年前就已重新裝修，二〇一二年又再大手筆招標增建改造，增加更多用餐空間並提高用餐環境品質，滿足不同客戶需求，餐廳一邊營業，一邊進行改建，整個工程持續 2 年時間，到二〇一四下半年才全部完工。為了這次的餐廳增建，Steirereck 邀請奧地利建築事務所 PPAG 進行改造；業主希望顧客在這裡可以看到景觀，享受高檔美食，還要設計出可容大量出餐但有條不紊的廚房空間。在 PPAG 設計規劃裡，餐廳不僅是一個大空間擺上很多桌子，而是由許多單獨與周圍環境相融合的桌子組成一個用餐空間。因此，設計師重新規劃現有餐廳內部，採用天然材料和高科技材料，根據空間特性向戶外增加大開口及一個可旋轉的面板系統，增加餐廳的靈活性，再運用反光金屬和鏡子將建築結構延伸到鄰近公園，使人們能夠充分享受綠色植物與陽光，更加貼近自然。

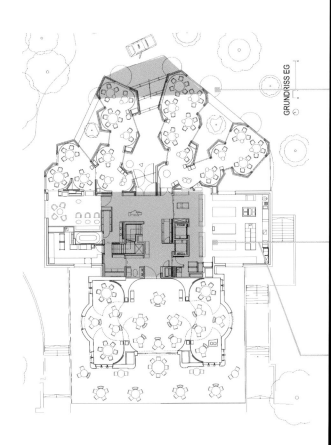

GRUNDRISS EG

彎曲背牆與推拉窗串聯室內外空間

每個餐桌區域有一個彎曲背牆和推拉窗，打造串聯開放室外的私密空間，每扇門擁有大面反光金屬，霧面效果隱隱約約反映餐廳內部環境。

顧客親身參與烹飪體驗

餐廳大廳為動線中心，顧客與工作人員都會經過這裡，建築師希望顧客變成廚房的觀眾，彷彿置身廚房親身參與烹飪體驗。

有「世界上最好餐廳之一」稱號的奧地利維也納 Steirereck 二星餐廳於 2014 年增建改造完工，增加更多用餐空間並提高用餐環境品質，讓餐廳建築延伸至公園，使顧客能夠充分享受綠色植物與陽光。

空間更大並與自然景觀串連

推翻過去所有餐廳形式，PPAG 建築師希望設計出一個全新的用餐空間，讓餐廳像手指那樣分支，向不同方向延伸，與公園環境包括附近的兒童遊樂場和諧相連。在新的設計中，每張桌子都被木製隔牆襯托著，並與外牆搭配，儘管桌子都是單獨擺放，但整體感覺與外部空間、餐廳其他區域及廚房都是相連接，這樣的方案被認為是既為客人考慮，也為餐飲人員著想。重新分配空間後並沒有增加餐椅數目，可容納用餐人數仍維持在 80 個人左右，然而大廳卻可以提供更大活動空間，內部功能包括配菜區、糕點區、清洗區、檢測區和工作人員工作區都相對變大了！餐廳露台與公園直接相連，每個餐桌區域有一個彎曲背牆和推拉窗，打造串聯開放室外的私密空間，每扇門擁有大面反光金屬，霧面效果隱隱約約反映餐廳內部環境。清晰表面與外牆模糊部分交錯混合，營造驚人的視覺效果，當大型電動推拉窗往上抬起，客人在餐廳用餐彷彿置身室外。

Restaurant Data

Steirereck
im Stadtpark Vienna, Am Heumarkt 2A, 1030
– Vienna, Austria.
www.steirereck.at/

食物類型：新奧地利創意料理
餐廳風格：米其林二星餐廳
平均消費：每人中餐 75 ～ 85 歐元（約 NT.2,585 ～ 2,929 元），晚餐 125 ～ 135 歐元（約 NT.4,308 ～ 4,652 元）
使用建材：木料、玻璃、鏡面、金屬反光板

圖\解\設\計\細\節\

◫ 旋轉面板系統讓空間分配更靈活

原有用餐區安裝可旋轉移動的彎曲面板系統，能根據需要組
合劃分成不同大小的用餐區域，使用上更靈活，讓餐廳可以
依照人數及需求將空間重組。餐廳建築擴建延伸至公園內，
使周邊公園綠色景觀和陽光得以進入室內。

◫ 高反射金屬帷幕的迷離效果

新增加的空間量體朝向戶外，用餐平台被高反
射的金屬板包裹，並設有巨大的開口，多面金
屬帷幕牆面在模糊和清晰之間交錯融合，產生
雲霧繚繞的迷濛反射，甚至透過反射效果，讓
建築物消失在一片綠色景觀裡。

文、整理－張景威　空間設計暨圖片提供－Atelier I-N-D-J　攝影－Bono Yan

G9 Shanghai
結合燈光及藝術的迷幻絢麗

由 Atelier I-N-D-J 工作室所設計的 G9 概念餐廳，位於大陸上海時尚名所 Lane Crawford 連卡佛，被專業設計網站《archdaily》選為 2014 最佳餐廳設計之一。
餐廳定位為高端時尚，內部設計充滿奢華裝飾，結合高科技可控互動照明設備，視覺上為顧客營造出迷幻光影用餐情境。

DESIGN

創造華美迷離的視覺效果

一開始規劃 G9 這個專案，設計師 Ian Douglas-Jones 希望能好好利用這個獨特又平衡的空間，構思設計前就和客戶達成共識，要用顛覆性手法來打造前所未有的餐廳，並在這空間用訂製概念與英國當前著名藝術家 INSA 作品結合，這也是 INSA 最大的互動裝置藝術；作品的互動裝置與 INSA 藝術作品相互融合，採用縮放方式，輔以互動燈光裝置，讓其平面藝術變身成為一幅絢麗多彩的互動動感作品，創造華美又迷離的視覺效果。G9 空間的三重高度十分具有戲劇性，裝潢以深色調為主，餐廳正中間擺放一條長約 22 米的長桌，長桌盡頭是亮眼的藝術燈牆，燈牆背後則是餐廳後廚，搭配餐廳頂部精心設計的藝術燈條。餐廳有可互動的燈光裝置，透過人體互動感應裝置，提供一個全新用餐體驗，燈光會隨著內部背景音樂的節拍而改變，形成忽明忽暗的迷幻氛圍及動感視覺效果。

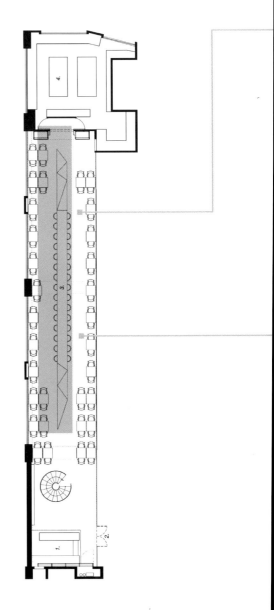

GIF 媒介使用與革新上的創舉

在 G9 餐廳中，Atelier I-N-D-J 工作室和 INSA 燈光裝置藝術作品合作，將平面藝術跨到互動裝置光感藝術，67 平方米的藝術作品完全由手工完成，在 GIF 媒介使用與革新上也實現一個創舉，一幅幅光影藝術畫卷讓人流連忘返。

更多變化的動態光影效果

G9 將高科技的數位媒體完美展現在 INSA 一幅藝術畫卷作品上。空間中大面積光感互動裝置，包括超過 956 盞吊燈的控制，運用高科技的參數化設計，容易修改其設計程式，有更多組合及變換，創造動態光影效果。

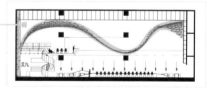

G9 Shanghai(又名極玖上海)，是 G 系列旗下的知名餐廳，也是大陸上海鼎鼎大名「極食」的姐妹店。由行政總廚 Johnny Yang 楊文坐鎮，主要提供時尚創意分子料理，斥資打造的用餐環境讓人眼睛一亮。

淋漓盡致展現各種奢華元素

公共用餐區域一張 22 米長的黃銅長桌將整個空間一分為二，這張桌子不但可以用作宴席長桌與時裝秀的走道，還可作為分割空間的標誌及裝置。VIP 用餐平台設置橫樑上方，這一專屬位置座落在整個室內空間的上半部分，如同意味著身分抬高，象徵用餐者身分的高貴。英國藝術家 INSA 在一面高為 12 米的牆面上設計一副貫穿整個空間的傑作，各種奢華元素展現得淋漓盡致。這一巨作「塗鴉迷戀」是一副帶有催眠圖案的圖像，再連結 956 盞吊燈，催眠的圖案彷彿探索著現代人的願望。這個燈牆結合 Xbox Kinect 相機 (可透過簡單手勢控制其速度與亮度) 的 3D 深度偵測感應功能，讓 VIP 區域的賓客能夠與整個作品進行互動，此外，透過使用 GIF 媒介數位化拍攝並直接呈現於燈牆上，讓藝術燈牆可同時展演連續多個畫面。

Restaurant Data

G9 Shanghai（極玖上海）
大陸上海市盧灣區淮海中路 99 號
大上海時代廣場連卡佛 3F

食物類型：創意分子料理
餐廳風格：時尚概念餐廳含酒吧
平均消費：人均 350 人民幣（約 NT.1792 元）
使用建材：14,976 盞 LED 燈、9.2 公里光纖、956 盞吊燈、99 個座位、67 平方米藝術品環卷、天然混凝土、原鋼、黑色大理石、黑色玻璃、金色鉻合金

圖\解\設\計\細\節\

多元材質與高科技結合

G9 運用高科技與藝術展演,表現奢華、多元材質及多角度的跨界碰撞;黃銅宴會長桌可兼作 Lane Crawford 時裝秀的走道,搭配黑色大理石、黑色玻璃、黑色裸露鋼材,黃銅與閃閃爍爍的金色、鉻合金相互搭配、相映生輝。

VIP 獨享 3D 藝術互動體驗

平衡設立在側樑的「諾亞方舟」VIP 用餐區域,高高在上成為地位的象徵,開闊宏偉空間呈現給貴賓客戶獨享的尊貴感。不單享受美食,還可擁有獨特燈光裝置和藝術作品 3D 互動體驗,用戶可透過手勢的動感,讓燈光藝術品呈現出迷離絢爛的光影畫面。

文―蔡銘江 圖片圖片提供―RAW 攝影―江建勳

RAW
不論料理或設計都是台灣之光

2014 年 12 月開幕、座落於台北知名摩天輪旁的 RAW 餐廳，在 2015 年獲得英國倫敦最佳餐廳與酒吧設計大獎（Restaurant & Bar Design Awards）的「亞洲最佳設計餐廳」。由荷蘭設計團隊操刀、名廚江振誠規劃，讓 RAW 成為台灣之光。

DESIGN

用設計創造餐廳的 DNA：
不論材質與食材都很 Nature

親自參與內部設計的江振誠，餐廳內部設計鮮少看得見經過加工的建材，不論是形狀、顏色、材質或是氣味，都是自然的，正表達出江振誠想強調的「nature」。不論是由小木塊拼接成的整體、自然流動的造型，或是表面的每一道手工雕鑿刻痕，都將技藝包藏在自然裡。和吧台相對的牆面，則是用混凝土來表現，在施作的過程中，特別用木模板固定，完成後混凝土上就有了自然的木紋，運用這樣的方式將自然包藏在技藝中。這兩種技巧相對卻又相呼應，成為空間的一大亮點。

除了視覺空間，燈光表現也是江振誠相當在意的事，整個餐廳擁有近 60 支 modulex lighting 投射燈，期望每一道菜一上桌，也能透過燈光提升料理的色香味。

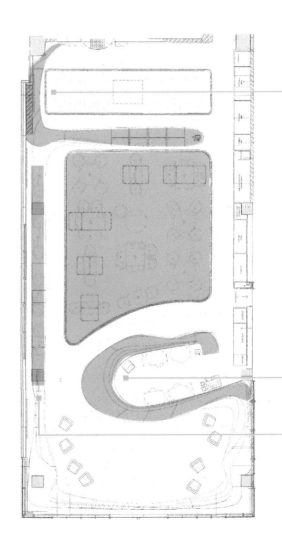

桌椅隨每日用餐人數而調整，打造最安全感的距離

專為 RAW 訂製的餐桌椅，基本上都有很舒適的用餐距離，用餐者不僅有專屬餐具抽屜自由選用。餐廳每日也會依用餐人數而斟酌調整位置的寬度，以讓客人擁有最安全感的用餐空間。

大自然之物，一刀一刻雕出不造作的機能吧檯

進門眼前是一座非常美麗的吧檯，江振誠用 30 公噸的南方松雕刻出主視覺，請台灣工藝雕刻匠師花了近 1 年的時間完成。吧檯不僅僅是調酒水飲料專區，在外型上也呈現出精緻工藝，不矯情做作，讓人看見溫度。

用點點微光聚焦，營造用餐氛圍

用餐區域有一道斑駁原始的水泥牆，牆面上有木板刻印的痕跡，江振誠保留牆面，用燈管綻放出牆面的溫度，也營造了浪漫的用餐氛圍。

用餐空間計算過的獨門訂製

RAW 裡的每一張桌椅都是獨門訂製，餐桌擺放的位置也經過計算，每一組客人座位都保持一定距離，讓用餐客人保有談話隱私。而為了營造在家用餐的感覺，餐具都放置在餐桌的抽屜裡。江振誠說：「這裡沒有限制你用甚麼餐具，你習慣用什麼餐具你自己決定。」談到陳設布置，堅持每天更換並選用台灣當地花材，成為餐桌上的唯一風景，而從餐盤到花瓶，多數選用美國加州品牌 heath ceramics，色彩輕盈具富溫潤質感。

DECO 設計應用

以獨家定製家具展示唯一

整個餐廳裡，唯一一張有主吊燈的用餐區，餐桌餐椅全數獨家訂製。江振誠要讓用餐的人感受到唯一。

餐桌上的一草一木：台灣在地新鮮花卉的清香

江振誠嚴選每一天的新鮮花草，並置於小花瓶之中，也會依據當天食材決定色系，讓用餐成為很美很舒適的享受。

江振誠親筆的料理哲學：堅持到底，勿忘初心

重視每一個細節的江振誠，對於這面文字牆的生成是非常臨時的，手寫完他對料理的想法後，在開幕前幾天立刻要求放置在牆面上，所有員工也不負眾望成就了這面料理哲學牆。

圖\解\設\計\細\節\

包廂式規劃

除了用餐空間外,洗手間的設計
也以包廂式規劃,不分男女,每
間廁所都擁有獨立的鏡面洗手台,
保有客人使用隱私。

原質展現 Nature 精神

簡易的酒窖櫃體,僅以原色的木材質設計,秉
持 nature 精神,江振誠讓餐廳到處看得到植
栽,而燈光營造也用心,從地燈到天花的軌道
燈,都讓空間舒服無壓。

OWNER&DESIGNER

「對我來說，空間決定了我在菜色上的設計與想法呈現，RAW 是我的第五家餐廳，但要說完整呈現出工藝與手感，RAW 是第一家。」江振誠說。低調不易顯見的 RAW，深色黑玻大門、簡約木製手把，展現出低調的餐廳外觀。一推開門，映入眼簾是偌大、雕工細緻、一氣呵成的有機形體木製吧台，這是江振誠提出概念、荷蘭籍建築師 Camiel Weijenberg 設計、台灣師傅施工所完成的這個南方松流雲。對江振誠來說，他在乎的不只是料理，也重視享用美食時的空間營造。

這座有機形體吧台，分前後兩座，從廊道望去，卻能從視覺感受連貫性的演出，江振誠笑著說，「這個用 30 公噸的南方松雕刻出的主視覺，是一位台灣工藝雕刻匠師花了近 1 年的時間完成，我期望能表現出非具體形狀的精緻工藝，不矯情做作，讓人看見溫度。」走過如此強烈又溫潤的吧台，左方迎來一片木刻紋路的水泥牆，江振誠說，「這

段設計有些小曲折，當初原是一片木板牆，拆除後發現有美麗的木紋烙印著，便決定保留下來，無形間竟也與吧台共同呼應出精緻工藝的氛圍。」

將對料理的堅持，加映於空間

江振誠對 RAW 設計的想法，從餐廳材質所展現的溫度，一路延伸至燈光和餐桌椅之間的距離，進而與賓客的互動，皆力求完美。該如何更加凸顯水泥牆的美感呢？大量的銅色復古 emt 管，在牆面上不規則的排列，營造出牆體的溫度，而微微的黃色光線，不僅點亮用餐浪漫氣氛，也隱約對應了餐廳另一面，以木材質打造的酒窖櫃體，櫃體門片所需的通風口，也以寬版的木片做了線條處理，讓整個櫃體有動有靜的層次。走過世界各地，江振誠有自信地認為，RAW 是最完美的餐廳，小而精美，對他來說，每一道料理概念也都是從空間延伸，而每一個空間，也都有屬於自己的 DNA。

RestaurantData

RAW
台北市中山區樂群三路 301 號
http://www.raw.com.tw/

食物類型：創意法式料理
餐廳風格：設計餐廳
平均消費：NT.1850 元 (不含 10% 服務稅)
使用建材：黑玻、鐵件、南方松、實木

文—許嘉芬　空間設計暨圖片提供—晴天見設計

茶六燒肉堂
處處留意客人感受打造高級燒肉

餐飲空間的規劃必須取決於價位與客群設定、成本回收等層面，以高單價人均消千元以上、精緻個人套餐定位的茶六燒肉，運用簡單樸實的材料，輔以大尺度抑或是虛實交錯的自然意象，從外觀到室內在在令人留下深刻印象。

DESIGN

好看之外，燒肉店更要注意排煙、淨氣

　　相較於其他餐飲業種，燒肉店最大的挑戰就是「排煙」和「空氣」，既然走的是精緻、高價位路線，更不能讓消費者用餐後全身充斥著烤肉味。因此，茶六燒肉堂用的是日本進口的下抽式排風設備，不但有限定的管徑尺寸，更必須交由日本施工團隊安裝，而設計師也巧妙將排風管線隱藏於樹柱之內，既美觀也實用。再來是廚房裏頭會有正負壓的問題，用餐區釋放的是冷氣、廚房是熱氣，如此一來出菜口容易產生風，食物也被吹涼，於是，設計師在廚房外加裝強制抽風設備，讓內外正負壓達到平衡即可獲得解決，廚房反而也有涼爽的自然風。

　　其次是管線問題，茶六燒肉堂管線皆為外露，妥善規劃並完整收納於線槽之中，讓天花板裸露也不顯亂，一方面大型餐飲空間多半都會重新申請動力電，再依據空間動線規劃分電、分表，這些數量龐大的電箱則完美隱藏在角落挑高梯間的立面內，回應設計師不斷強調的，餐飲空間除了好看、有設計感，更得堅固、耐用、實用。

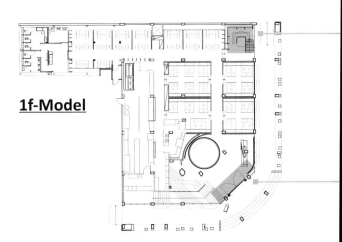

1f-Model

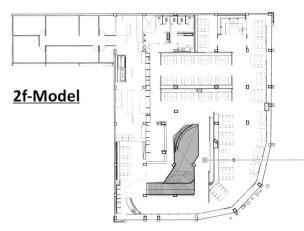

2f-Model

挑高設計擴充空間廣度

因應法規需求的第二支樓梯位於空間的對角，挑高設計提高空間的延伸性，而格柵立面也完美隱藏數量眾多的電表箱。

放大樓梯尺度展現迎賓力道

特意放大樓梯的尺度，加上交錯的踏面線條，讓樓梯更具可看性，也彰顯高價位燒肉店預展現的迎賓氣勢。

創造印象深刻的視覺美景

步上二樓的梯間角落，利用水泥鏝刀創造自然樸拙的氛圍，發光圓洞有如落日、展示櫃則巧妙嵌入樹幹，用顛覆視覺的片段美景令人留下深刻印象。

茶六燒肉堂總共有高達 400 個座位數，由於屬於大型餐飲空間，走道寬度、座位間隔距離都須依循法規，設計團隊除了穿插配置卡式沙發座位，藉此爭取空間與增加座位數之外，同時也依據空間的自然氛圍量身訂製木作餐椅，而戶外等候區同樣也使用淺色木素材打造具立體感的長凳，呈現出精緻卻又不失放鬆自在的感覺。而在材質以及運用手法上，外觀立面錯落交織的格柵線條，看似如木頭般的效果，其實是鐵板貼覆波麗軟片，無須擔心變形或是日曬雨淋破壞表面質地。室內部分則以鐵件和木作材料建構出高低不等的山牆意象，並倚靠著樹柱，成為座位的區隔，天花板也處理成黑色噴漆，當樹幹分枝向上延伸時，宛如樹梢沒入天際般的效果，而隔間上發光的圓洞呼應著落日語彙，搭著背景自然樸拙的水泥鏝刀牆面，映著局部重點照明，彷彿置身山林般用餐的氛圍。

DECO 設計應用

戶外梯型長凳

為符合燒肉店訴求的精緻路線，戶外特別安排長凳傢具，提供消費者舒適的休憩等候。

訂製軟包、單椅

座位區椅子的卡式沙發訂製舒適的軟包坐墊，也較省空間，另一側單椅則是採傾斜椅背，更符合人體工學，黑色基調與整體氛圍更協調。

圖\解\設\計\細\節\

◗◖ 卡座沙發釋放充裕走道

樓座位區域特別利用卡座沙發的規劃，釋放出寬敞有餘裕的走道動線，不僅上餐更加快速，也令消費者感到舒適。而牆面上以大圖輸出山林景緻兼具視覺與省錢效果。

◗◖ 以大尺度對應精緻頂級的品牌定位

推開茶六燒肉堂的大門，利用大尺度水池與挑高二樓的迎賓氣勢，對應精緻、頂級的品牌定位。

◗◖ 視覺實用兼具的外觀設計

茶六燒肉堂的外觀利用鐵板貼木紋軟片，達到視覺效果又能對抗變形、日曬等問題。

OWNER&DESIGNER

餐飲空間規劃可分為幾個層次，物無所值、物有所值、物超所值，對店行距主而言，物有所值才是最好的設計，物超所值反而會提高裝潢費用，相對也會拉長回收成本的時間，也因此，開店最重要的就是先設定價位以及對應「合理」的裝潢費用，以茶六燒肉堂為例，它隸屬於台中知名餐飲集團輕井澤系列之一，以高單價的個人套餐為主，單人消費金額約莫一千元左右，加上佔地兩層樓的黃金三角窗地段，既要能彰顯出「精緻、大器」的質感與品牌定位連結，一方面也必須兼顧維修成本、食材成本等等的考量，彼此之間如何拿捏得宜是一大考驗。尤其是茶六燒肉堂本身空間高達 580 坪，還是老舊建築物，要掌控裝潢費用，材料的熟悉是必要的。

Restaurant Data

茶六燒肉堂
高雄市左營區博愛二路 238 號
https://www.facebook.com/%E8%8C%B6
%E5%85%AD%E7%87%92%E8%82%89%E5
%A0%82-386627924853928/

食物類型：日式燒肉
餐廳風格：大尺度精緻風格
平均消費：NT.988 元起
使用建材：鐵件、木材

文—張景威 空間設計暨圖片提供—古魯奇設計

泰鈺豐（天津）
古色古香中的創新設計

提到烤鴨，你可能只聽說過全聚德，但近兩年一家名叫「泰鈺豐」的北京烤鴨店已經在天津誕生並茁壯成長。泰鈺豐是以烤鴨為特色的新派融合菜餐廳，是津門首家全透明烤鴨工坊的餐廳，在這裡你可以找到中國各大菜系，滿足每一個顧客的需求。

DESIGN

顛覆傳統的大膽突破

烤鴨作為京城最著名的美食之一，設計團隊希望泰鈺豐的創建不僅是美食上的傳遞，更應該是文化思想上的傳播和交流。所以設計初期，設計團隊一直在思考哪些元素既有時尚感又有京味兒的，最能代表北京。最後終於決定選用水墨書法等藝術品作為空間的主題概念，雖然古香古色，但卻拒絕平庸的表現形式。

古魯奇這一次為泰鈺豐設計的店面被稱為看似詭異卻很有趣。因為餐廳造型感十足，設計大膽。在酒店餐飲空間中，常使用水墨書法等藝術作為中國主題概念的裝飾，而大家卻冷落了用於創作畫作的文房用品，因此這回設計師想著讓筆筒出出風頭。二層餐廳的室內部分面積不算太大，但是設計師大膽地選用了「誇張的」造型進行空間塑造。豎向上兩個圓形柱子矗立在空間中央，大量的小筆筒圍合成三個巨大的筆筒成為空間內最搶眼的裝飾元素，給空間帶來氣勢磅礴的厚重感與文化氣息。

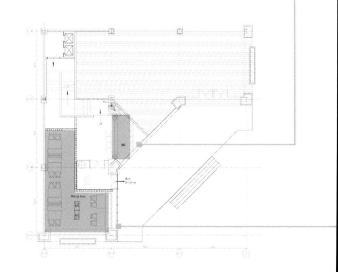

1f-Model

2f-Model

以百寶格區劃空間

鮮豔的寶藍色百寶格不僅作為裝飾，在功能上也起到劃分空間的作用，使兩側主體若隱若現。

繞柱桌椅擺設豐富佈局

圍繞柱子的桌椅擺設，使得互相之間既不干擾又保持統一性，巧妙地豐富了平面佈局，也在功能上為客人提供方便。

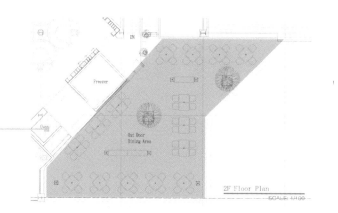

舒適戶外餐飲空間

餐廳提供室外就餐空間，可為團體客人服務，也可舉辦小型活動，避免對室內客人進行干擾，並能享受微風徐徐的夜晚。

選用水墨書法等藝術品作為空間的主題概念，雖然古香古色，但卻拒絕平庸的表現形式，作為在天津創建的北京烤鴨店，設計團隊希望泰鈺豐做到的不僅是美食上的傳遞，更應該是文化思想上的傳播和交流。

古樸中國風中的西式細節

　　三個「大筆筒」的設計為座位區劃分了三個區域，規整而自然。除此之外，設計師選用的另外一個造型元素是百寶格。這是古代書房中最常見的裝飾物品，舉有書架的作用，上面通常放滿各種書籍和文物。而在泰鈺豐中，四面的百寶格內卻是空無一物，這是希望給人帶來想像的空間，更帶來一絲文學氣味。餐廳儼然成為一個書香氣十足的書房，而藍色的百寶格、筆筒圖案和地毯都增加了空間的典雅與素淨。燈具則選用燈籠狀的造型，呼應老北京的特色物件，但顏色上並不是傳統的大紅色，而是米白色，與空間內的青花藍相搭配更顯古樸。雖然是中餐廳，但泰鈺豐設置了偏「西式」的吧台，雖然概念不夠傳統，但是吧台的陳設與配飾都很「中國範兒」。實木吧台椅規整的造型結構，將傳統中式傢俱進行演變。而牆面與桌面均為木飾面，使得整個吧台呈現古典和雅致的風貌。

圖\解\設\計\細\節\

全透明製鴨空間，五感品味美食

烤鴨為明爐烤法，使鴨子的香味更加獨特，同時全透明的制鴨空間位於室內與室外之間，方便客人觀賞。

圖案各異展現個性

小筆筒全部是定制而成，大小一致，圖案各異，並選擇性地在筆筒內部安裝燈泡，柱子外表面為古銅金屬飾面。

Restaurant Data

> **泰鈺豐 (天津)**
> 中華人民共和國天津市河西 永安道
>
> **食物類型**：中式烤鴨
> **餐廳風格**：創新中餐廳
> **平均消費**：100 人民幣 (約 NT500 元)
> **使用建材**：陶瓷、實木

文、整理—張景威　空間設計暨圖片提供—P H.D　攝影—ArtKvartal

Door 19
悠遊想像力之中的五感盛會

俄羅斯莫斯科近來出現一家 POP-UP BAR「Door 19」，以鋼鐵水泥創造出一種似乎還在施工中的風格，寬廣舒適的空間有別於一般酒吧擁擠的不適感，街頭塗鴉與藝術品更為大眾印象中的餐廳，添增文藝氣息與新鮮感，也成為莫斯科最新的熱門點！

DESIGN

視覺、聽覺、味覺豐富感官饗宴

Door 19 最初的構想來自於莫斯科市政府推動的創意專案「ArtKvartal」，這項龐大的市區改造計劃，希望將區域改造成適合創意產業人士進駐的生活與工作環境，維持傳統的磚造房屋進行修復改造，再置入當代藝術中心、設計中心、劇院與全新的住宅，間接助長創意經濟的發展。Arthouse 即為 Artkvartal 計劃中的全新豪華住宅公寓，Door 19 就設於公寓挑高 12 米的閣樓，這個 460 平方米 (約 140 坪) 巨大寬敞空間由 P H.D 建築師事務所一手打造，以工業風的裸露鋼筋展現施工中的頹廢感，敞亮的空間跳脫過往酒吧擁擠陰暗的樣貌，同時邀集莫斯科與歐洲優秀的藝術家，以「藝術打卡」為核心理念，在原始 Loft 風格空間裡大肆渲染各種藝術元素，增添奔放不羈的氣息，也帶來富含想像力的空間感受。

餐廳、酒吧兼藝廊複合式經營

Door 19 位於莫斯科市中心，文化與美食的樞紐地帶，餐廳設在 Arthouse 頂樓豪華閣樓公寓，集結當代藝術、塗鴉與餐廳、酒吧兼藝廊的複合式經營方式，帶來全新的空間設計，希望給消費者兼具視覺、聽覺、味覺的豐富感官饗宴。

讓顧客充分與藝術親密交流

空間裡大肆渲染各種藝術元素，帶入新生代藝術家的新穎創意外，更挑選眾多來自世界各國大師的作品進駐，近距離的陳列與擺設，讓每位踏進門的客人皆能與藝術來場親密的交流。

位於俄羅斯莫斯科市中心，設在 Arthouse 頂樓豪華閣樓公寓，集結當代藝術、塗鴉與酒吧的複合式餐廳「Door 19」，也以最具話題的快閃吧「POP-UP BAR」，迅速成為潮流新地標，並名列全球 50 大餐廳之一。

讓顧客與藝術大量的交流

Door 19 的藝術裝置之多，彷彿是無國界藝術的大會師，除了新生代藝術家，更有各大當代美術館的大師作品，如知名攝影師 David LaChapelle 拍攝的 Andy Warhol 惡搞肖像；藝術家 George Condo 和 Damien Hirst 的作品；德國表現主義畫家 Jonathan Meese；英國藝術家 Tim Noble 和 Sue Webster；知名燈光藝術家 Jenny Holzer 等。特殊節日也有另類主題藝術裝置，整體概念強調藝術與顧客間的零距離互動，讓每位進門的顧客，都能與藝術有直接與大量的交流。豐富的視覺饗宴之外，Door 19 酒吧與餐廳的經營更是一大重點，一系列酒吧規劃，吸引莫斯科知名夜店調酒師進駐，每週邀請客座調酒師駐點服務，餐廳僅供應晚餐，每日固定 2 套餐點，由每週邀請的 2 位客座主廚設計與料理，集結來自祕魯、巴西、智利、墨西哥、阿根廷等 11 個國家不同料理專業的知名主廚；雖說這些來自拉丁美洲的料理，早已於紐約、倫敦的知名餐廳大放異彩，卻從未出現在同樣繁華的大都市莫斯科，如此大膽的嘗試不僅豐富餐廳的美食文化，也成功讓 Door 19 名列全球 50 大餐廳之一。

N

圖\解\設\計\細\節\

▯▮ 展現未完工的極致工業頹廢感

維持傳統的磚造房屋進行修復改造，再置入當代藝術，以工業風的裸露鋼筋展現頹廢感，創造出一種似乎還在施工中的風格，賦予想像力的空間感受。

▯▮ 一直保持新鮮感的料理規劃

每週邀請 1 位歐洲的客座調酒師駐點服務，加上每週邀請的 2 位客座主廚設計料理。透過不同主廚與餐點的大膽規劃，讓顧客有機會嚐到不同國家、不同知名專業主廚的料理，大膽豐富餐廳的美食文化。

Restaurant Data

Door 19
Serebryanicheskaya Embankment, 19,
Moscow 109028, Russia
http://door19.ru/

食物類型：隨主廚更換，料理也不同
餐廳風格：工業藝術風格、POP-UP BAR
平均消費：3,900 俄羅斯盧布（約 NT.2,004 元）晚餐 125 ～ 135 歐元（約 NT.4,308 ～ 4,652 元）
使用建材：鐵件、天然混凝土、鋼管、玻璃

Nnozomi sushi Bar
傳統與現代的接軌

文、整理—張景威 空間設計暨圖片提供— Masquespacio 攝影— Cualiti Photo Studio

各國料理不但滋味各異其趣，從空間風格中也能感受到其文化特色，然而東西方在飲食習慣及美學觀點鮮明的差異，若未長期受當地環境及風土的滋養，就算深入研究任誰也不敢誇口能呈現到位的在地風貌，尤其是向來以精準比例美感著稱的日本文化，想要駕馭必定要下不少功夫。西班牙設計團隊 Masquespacio 所完成的 Nozomi 壽司吧，以令人驚喜的轉譯手法，抓住日式空間的精髓，更將日本街區風貌融入其中。

DESIGN

從傳統日式風格找尋新時代創意

Nozomi 壽司吧的老闆 José Miguel Herrera 和 NuriaMorell 不但是充滿熱情的企業家，也是日本正宗傳統壽司專家；他們委託西班牙設計團隊 Masquespacio 為 Nozomi 壽司吧規劃品牌形象，包含燈光、裝飾、餐具及標示設計等，同時打造符合調性的室內設計。José Miguel Herrera 和 Nuria Morell 希望壽司吧能同時體現 2 個重要元素：「傳統的感性」和「當代的理性」，因此他們以日本高速子彈列車的名字「Nozomi」希望號為命名，同時也意謂著正在「實現夢想」的路途上。

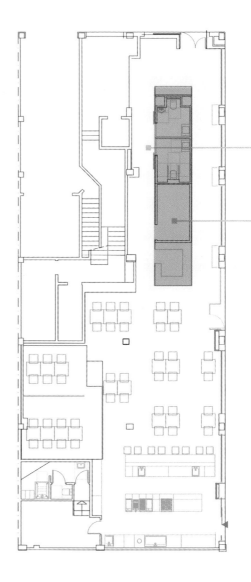

營造在日本街頭行走的體驗

餐廳前段部分的理念,試圖讓顧客有在
日本街道散步的體驗,因此藉由一個居
中的長形量體安排了儲物間及衛浴,主
要目的是創造出兩側廊道,並將日本街
道樣貌移植進來,如實的仿造傳統店舖
的門窗式樣,格柵式屋頂也採用日本傳
統建築工法,讓顧客能在行進間,感受
到日本木製工藝細節之美。

改量傳統木窗形式圍塑包廂區

在中央主要用餐區周圍,另外安排了較
為隱密的包廂用餐區,餐區轉化傳統木
質窗櫺,以細間格式的格柵形成遮蔽,
也保有適度通透感,並設計多種開闔形
式,包廂可劃分出更多的用餐區。

以日本庭園環境為發想，讓綻放的櫻花盛開在餐廳之中，營造出充滿日式魅力的食藝場景，顧客也能透過開放的料理區，觀賞大廚華麗的料理技藝。

氣氛溫暖、和風濃郁的空間體驗

Masquespacio 提出一個櫻花樹下壽司店的概念，同時讓顧客擁有在日本街道行走的體驗，一進入餐廳後，馬上就能體會到古典和當代元素的淋漓詮釋。穿越入口大門，中央的立方量體創造了導向吧台的兩側廊道，量體之中安排了客用廁所和儲物間，廊道則細心佈置成傳統日本村落街道的模樣，彷彿是設立在市場中藥房、販賣店舖的門和窗戶，屋頂也表現了日本鄉村建築的細節及施工法。Masquespacio 表示：「我們一直研究最正統的日本街景圖片，希望以現代的方式重新演繹傳統，很多人認為這裡的街道很像日本京都，那是因為京都仍保留許多美麗的傳統日式建築。」通過廊道後，正式進入中央主要用餐空間，坐區安排了 4 人至多人的開放用餐區，並且能看到日本料理師傅的料理過程，其中一側利用高低落差與木格柵規劃了較具隱私的包廂，並藉由燈光設計形成微暗的靜謐氣氛。Masquespacio 希望營造出顧客坐在櫻花庭院用餐的獨特感受，特別在天花板布滿折紙製成的櫻花藝術品，因此前來用餐的顧客不必遠赴日本，就有置身春季櫻花樹下用餐的美妙體驗。

圖\解\設\計\細\節\

當代思維詮釋傳統語彙

為了體現業主期待的元素:「傳統感性」和「當代理性」,餐廳立面以水泥板與木材 2 種簡單的素材,營造低調不喧嘩的日式格調,半遮掩式的入口表現頂級餐廳的神祕感,木屋尖型屋簷意謂承繼傳統,門口招牌完美結合傳統與當代元素,將西式英文字與日本平假名 2 種字體和諧排版,傳遞出尊重傳統卻不守舊的精神。

改良傳統木窗圍塑包廂區

在中央主要用餐區周圍,另外安排了較為隱密的包廂用餐區,餐區轉化傳統木質窗櫺,以細間格式的格柵形成遮蔽,也保有適度通透感,並設計多種開闔形式,包廂可劃分出更多的小用餐區。

Restaurant Data

Nozomi sushi Bar
C/Pedro III El Grande, II D. 46005 Valencia, Spain
http://nozomisushibar.es

食物類型:正統日本料理
餐廳風格:當代日式風格
平均消費:人均 25 歐元,約 NT.861 元
使用建材:實木、混凝土、水泥板

文—王玉瑤　空間設計暨圖片提供—木介空間設計工作室

毛丼 MAODON Cuisine
台灣老房子內享用日式料理

近幾年吹起老屋改造商空風潮，雖也是由老屋改造的毛丼，卻不以此為號召，因而才能在不拘泥復舊的原則下，巧妙讓新舊在空間取得平衡，並讓懷舊元素回應實際合理使用，成功營造出可襯映和式料理，又不失台式建築特色的餐飲空間。

DESIGN

動線重整，創造適合空間的情境與表情

設計開端店主人即希望能以老屋原本味道為基礎，因此與設計師討論，選擇在水泥建築外觀進行整理、修復動作，將台式建築常見的鐵窗花重製復原、窗框重新上色，屋頂覆蓋新鋼板，最後並將遮擋住建築美麗的圍牆拆除，大方展現老建築的往日風采。外觀以復舊手法融入街區氛圍，內部空間則淡化老建築元素，除了留下原始紅磚牆外，其餘牆面採用黑白漆色，營造簡潔、俐落的現代感，另外並大量使用木素材，藉由木素材讓人與日式料理產生聯想，特有的溫潤質感也替空間注入溫度；其中更將不同種類木材堆疊成牆面裝飾，藉此修飾老建築牆面，與原有磚牆、舊窗呼應裡外懷舊元素，讓空間有嶄新面貌之餘，仍流露出濃濃的台灣味。

而規劃成用餐區的原始隔牆刻意保留，空間雖因此被一分為二，但也順勢營造不同用餐模式。接近入口的用餐區，主要針對一至二人的用餐需求，引用日本立食概念的長型高桌，位置安排彈性，且共桌形式可拉近用餐者距離，讓同樣

喜好美食來此用餐的陌生人，能共享美味時光；二人桌採靠牆安排，並非受尺度限制，而是餐桌若靠牆安排，二人桌形式最便於用餐者移動進出；規劃成四人以上的團體用餐區，利用沿牆的長椅設計，增加使用彈性與靈活度，不論是拼桌或增加桌椅，皆可因應不同人數組合做調度。

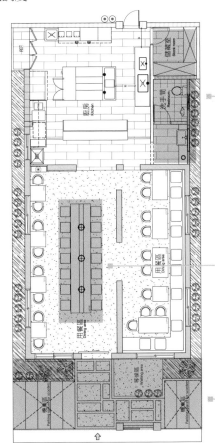

區域明確區隔

廁所空間重新調整，將廚房與客人使用區域明確區隔開，並增加開口化解過於曲折的動線，讓使用動線更為合理。

營造舒適的行走動線

原本做為倉庫使用的內部空間沒有太多隔間，因此以原始隔牆做分界，劃分出廚房、用餐兩個區域。廚房區因日式料理有燒烤、炸物等不同烹調方式，需有空間放置不同料理台面、廚具，於是直接向後擴增成大小適當的料理空間，另外拆除廚房與餐廳隔牆的窗戶擴大成出入口，形成主副出菜動線，增加上菜效率，也營造舒適的行走動線。

規劃停車區

刻將圍牆拆除後，重新美化空間並規劃成等待區與停車區，客人可在此等候帶位，避免在室內等待影響客人用餐，破壞整體用餐氛圍；機車停車區則是考量南台灣多以機車代步，因此特別規劃出此區解決停車問題。

製造 RELAX 情境
簡單俐落搭配木素材

雖是歷史悠久的老建築改造而成，但由於業主並沒有刻意復舊，因此內部空間也以簡單、俐落做為空間主調，並採用大量木素材營造用餐時的輕鬆氛圍。因此在傢具選擇上，對應空間的主要材質，除了清潔考量外，以木素材做為挑選傢具主要原則，另外加入少量鐵件元素，豐富材質變化也注入個性。光線安排影響到整體空間氛圍，除了有實質打亮效果的軌道燈以外，大量採用間接燈光，利用間照柔和的光線軟化空間線條，製造讓人感到放鬆的用餐環境。

DECO 設計應用

手工打造紅銅吊燈

利用紅銅吊燈表面手工打造的不規則紋理，展現質樸調性，並以高低層次與聚光式燈光安排，導引用餐者聚焦桌面的餐點，提升用餐情境與心情。

弧線造型吧台椅

吧台椅最難兼顧美感與舒適，設計師尋找許久才找到坐椅有弧度設計的
吧台椅，且其設計為木素材與鐵件的組合，恰與長桌元素彼此相呼應。

復古造型單椅

挑選圓潤帶有復古造型的坐椅，融入整體空間氛圍，
刻意在顏色上做深淺兩色搭配，豐富視覺變化。

圖\解\設\計\細\節\

■ 以舊料講故事

舊磚牆、舊窗及木板，層層堆疊成座位區立面裝飾，傳達不同材質與紋理，
經過時間的演化，各自留下的歲月痕跡與故事。

■ 處處展現品牌精神

窗框鮮明的橘色，靈感來自毛丼的品牌
專屬顏色，不只藉此可跳脫黑色牆面形
成視覺焦點，也巧妙呼應品牌精神。

■ 拆除圍籬展現親近與醒目印象

拆除圍牆消弭圍牆隔離意象，突顯建築物製造吸睛亮
點，同時給予餐廳更為開闊、親切的門面印象，刻意
保留的木門及門牌則轉化成顯眼卻低調的餐廳招牌。

OWNER&DESIGNER

不同於一般餐飲料理餐廳選擇熱鬧行程的街區，販賣和式料理的毛丼，反其道而行坐落於住宅區的巷弄裡；並非出於什麼反骨精神，也不是追求時下老屋改造成餐廳的流行，單純只是業主在南下尋找開店位置時，無意間走進曲折的老街巷弄，意外發現在這裡面仍保留著南台灣淳樸風情，與悠閒、愜意的生活氛圍，雖然沒有大馬路的醒目，但鬧中取靜的環境，倒與重視用餐環境、氣氛的和式料理相當契合，於是當下便決定租下曾是紡織廠倉庫的老房子，做為他們的新據點。

重現老建築迷人風采

老街道之所以迷人，除了人，最重要的就是這些刻劃著時間痕跡的老建築，然而業主承租的老倉庫不只有五六十年歷史也荒廢許久，想要修復有其難度，但若是全面改造又擔心過於新穎會成為周遭突兀的存在，且失去原本選擇這裡的初衷。因此與設計師討論，選擇在水泥建築外觀進行整理、修復動作，將台式建築常見的鐵窗花重製復原、窗框重新上色，屋頂覆蓋新鋼板，最後並將遮擋住建築美麗的圍牆拆除，大方展現老建築的往日風采。

Restaurant Data

毛丼
台南市東區東榮街 105 號
https://www.facebook.
com/%E6%AF%9B%E4%B8%BC-%E4%B8%BC
%E9%A3%AF%E5%B0%88%E9%96%80%E5%
BA%97-688565001234091/

食物類型：日式丼飯
餐廳風格：老屋改建
平均消費：約 NT.250-350 元
使用建材：紅磚牆、鐵窗花、鐵件、木材質、
　　　　　　鋼板、手工打造紅銅吊燈、造型椅

文—Mimy Chen　空間設計暨圖片提供—力口建築

穗科 hoshina
感動設計體現專業服務

餐飲空間設計的關鍵，絕非只是注重「店內」的裝潢而已，更重要的是，如何透過「感動設計」，一來讓服務者能夠提供更專業的服務，二來顧客也能得到感官與實質的雙乘享受。穗科於台北的首間店，成功打響了此品牌的名號！

DESIGN

一間要你好好專心把麵吃完的店

　　力口建築利培安設計師接下這個案子時，驚訝於業主不是只在意座位數的極大化，或者預算上的極小值，而是問他：「培安，要怎麼讓客人進來，好好專心吃一碗麵？」由於業主本身有過經營飯店業出身，不單對空間細節有著極致的追求，就連服務品質有高水準的要求，內外場人員訓練有素並統一穿著。從踏入店門口前庭院的那一刻起，就要客人感受無微不至的貼心服務，得以準備好「要享受一碗麵」的愜意心緒，也因此，

　　最早在選點時，就特意挑選原本就擁有前院的基地，作為預備。為做出「鑑別度」並創造鮮明的意象，利培安決定創造一個高檔的日式庭院，要客人在第一時間，就被此庭院的靜謐氣息所吸引，煩雜的思緒得以沉澱休憩，得以靜下心來好好吃一碗麵。此基地的前身是一間燒烤店，於是善用其原有的水池造景和設備，重新規劃、去無存菁、升級成細膩且高質地的日式庭院造景，一方面省去地面開挖的成本，也讓舊物可再運用，不至浪費；同時，選用較好的植物，用綠籬和鄰居作為阻隔，圍塑出略帶隱密性的區域。

原有造景再次重整規劃

以原有餐廳所留下來水池和部分造景再次重整規劃，店面向日式庭院完整展開，岩石鋪排的地坪批覆著綠色的植栽，潺潺的流水聲像是輕聲地對著來客説「歡迎光臨」。

手擀麵製作實境 show room

第一視覺點為面向庭院的手擀麵製作實境 show room，在正面和側面使用透明玻璃隔牆，客人可以看見麵棍和切麵刀等實際使用的器具，更能親炙「手作」的過程，留下「新鮮」的優良印象。

手工煎餅區成為空間焦點

進入餐廳後，走過吧台後，視線會直接落在轉角處的手工煎餅區，圍在此 L 型吧台的高腳椅和垂吊的暖簾，襯著煎餅的熱騰騰香氣，成為空間中的視覺焦點！

穗科強調「新鮮」和「手作」的職人製麵精神，利培安大膽提出建議，打算把一般人看不見或者不想讓人看見的「製麵過程」，端出來成為一場 Show，將那些所謂的「堅持」藉由真人的動態呈現，使客人們在麵條尚未入口之前，就已經用雙眼先品嚐到了。於是，在餐廳入口左側規劃了「手工製麵區」，客人在進入店門之際，便可親眼目睹師傅擀麵和切麵的過程，創造第一視覺焦點！

入內之後，白色的空間和水泥粉光地板闡述了穗科的「減擔」哲學，空間被一分為二——開放式用餐區位於右側，左側則依序為收銀櫃檯、手工煎餅區和廚房。利培安表示，手工煎餅區的位置是特別規劃的第二視覺焦點，其位於餐廳空間的中間點，師傅在半開放的煎餅製作區，隨著煎餅的香氣飄散在空氣中，不僅嗅覺被征服，連坐在一旁的客人也因而胃口大開，忍不住再點一盤飯後甜點。

右側用餐座位區的規劃重點在於，室內可以和戶外有接續之感，玻璃窗戶將庭院造景「邀請」入內，並延伸至左側壁面，直到餐廳底部的室內庭園綠景，人們在用餐的同時，也有著置身日式庭院之感，得以安安靜靜地，心無旁騖地把眼前這一碗烏龍麵吃完。經由精心構思的「眼、耳、口、鼻、心」五感體驗出發，利培安以「有溫度」的設計，回應穗科的品牌精神：「讓手打烏龍麵的感動，從這裡開始擴散。」

DECO 設計應用

鏤空的格柵光影恣意遊走

採用鏤空的格柵作為屋簷使光影恣意遊走，上方覆蓋瓦片強調沉穩性格，為強化「手感精神」與「傳遞溫度」的穗科理念，請師傅以手工方式雷射切割出具有小河童 LOGO 的招牌，掛在純白的外牆上，微黃的燈光像是一盞溫柔的燈，等待著客人光顧。

製麵的動態攝影

有別於一般餐廳選擇掛畫，利培安和平面設計師討論，決定把製麵的動態程序變成一幅幅的攝影作品，內斂又精確地告訴你：現在所吃得這碗麵，就是採用如此專業的製作方式。用餐的客人，只要頭輕輕一抬，就可欣賞！

訂製家具

家具選用上，以訂製的非洲柚木桌椅奠定細緻的用餐環境；更別出心裁地在桌角刻上LOGO 裡的小河童圖案，客人在等候餐點的同時，也可以用手感受一下這趣味的設計小巧思。

採用軌道燈避免視線阻擋

為求開放式用餐空間可以絕佳的視野，除了在靠牆的方形區域採用訂製的吊燈，其他空間皆以軌道燈作為照明，避免視線上的不良阻擋。

圖\解\設\計\細\節

側面接光賞庭園綠意

包廂內部側面接光，透過格子窗可以輕鬆觀賞庭院的綠意，並將外面已閒置多年的逃生出口粉刷美化為室外造景。

夾板染色創造「木質視效」

為求整體內部視覺的統一，吧台、結帳櫃檯等工作區域，接採用夾板染色的方式創造「木質視效」，不但方便清潔也不易髒，更能夠達到控制預算的目的。

關於穗科，這間現在已經廣為人知的手工烏龍麵店，其背後有著十分有趣的故事。負責此案的空間設計師利培安說，一切要從五年前說起，當時業主在台中發現，一間藏匿於巷弄中的手工烏龍麵店，不僅麵條軟硬度剛好，湯頭更是清甜爽口，全素的麵食帶來飽足卻零負擔的美味，但其採取限量供應模式－預約制，經常是一位難求。

吃過多次後，業主想將此餐廳引進到北部，讓台北的人們也能一嚐如此簡單，但足以使人念念不忘的手打烏龍麵。經過多次登門拜訪後，終於獲得麵店老闆的同意，願意傾囊相授，支持學成歸國的師傅，繼續以「穗科」為名，同步移植相同的料理、理念與製作流程，在台北的精華地段－忠孝東路216巷中找到一處合宜的位置，開設台北第一間「穗科」烏龍麵店。

關鍵的七分鐘！
決定麵條的Q度！

「我當時吃之前，心裡還嘀咕著：『不就是一碗麵嗎？』結果，當我吃下第一口的瞬間，真的立刻被感動到——這麵條怎麼會Q成這樣？」利培安說，從沒想過，一碗烏龍麵竟然可以如此好吃，更何況它還是「全素」的，一片肉也沒有！進一步了解才後知道，除了麵條的成份、製程之外，他們堅持的七分

鐘烹飪方式，決定麵條的口感！

對應到餐廳空間設計之中，廚房的規劃直接地影響到烹飪的「速度」和「精準度」，必須兩者兼備，才能讓麵條被煮得恰到好處，於時間內送到客人的面前，抵達客人嘴裡時，展現出最準確的Q度與溫度。因此一開始，花費許多時間和師傅溝通，廚房裡的設備與動線要如何規劃，才能使烹飪和出餐的流程可以順暢無礙，達到理想中的餐點品質。

Restaurant Data

穗科
台北市大安區忠孝東路四段 216 巷 27 弄 3 號
http://www.hoshina.com.tw/

食物類型：日式烏龍麵
餐廳風格：當代日式
平均消費：約 NT.180-250 元
使用建材：實木、鐵件、軌道燈、水泥粉光、
　　　　　　夾板染色、暖簾、青銅

富錦樹台菜香檳
嚐一口靜好時光

台菜有種特別的靜好氣質，不需華麗擺盤也能勾引味蕾，讓人打從心底想念；而香檳的優雅則是天生麗質，憑藉金黃酒色與動感姿態展現貴氣魅力，這二種看似不搭嘎的飲食文化，在富錦樹台菜香檳餐廳中卻意外撞出火花，隨著中式料理與西式空間的巧妙安排，讓您在這兒嘗一口時光的靜好。

DESIGN

以吧台拉近內外場互動關係

這棟位於民生社區附近的老房子，屋齡約有40餘年，門前雖有小庭院與公園，但室內採光卻不佳，為改善現況，設計師鄭士傑先將原本作為住宅格局的隔間牆拆除，搭配特殊構造的透明雨遮，以及玻璃材質的三組對開推門與摺疊門等，讓室內呈現窗明几淨的開闊感受。至於內場工作區則是沿用既有廚房位置來擴大規畫，可減少重遷管線的工程與預算。

傳統中式飲食特色就是大火快炒，內場的火熱情景就像是餐前的助興演出，廚房內傳來的鍋鏟聲不斷敲動味蕾、預告香氣，氛圍相當迷人。但考量餐廳為高級創意料理，價位也不低，自然不能原味重現快炒店情景，但設計上刻意將出菜吧檯做半開放式，客人隱約可見到廚房內場的工作身影，勾引出台菜精神，也拉近了內外場的互動關係。而為了增加台式空間感，在出菜吧台的主牆表面上以磚紅色的有色水泥來打造出紅磚牆

印象，同時刻意在牆面上鑿出斑駁刻痕以營造出仿舊質感，藉以強化空間的故事感與記憶溫度。而餐廳內的水泥地板則搭配橫直交錯的線條設計，讓單純、樸素的材質也能更添優雅細節。

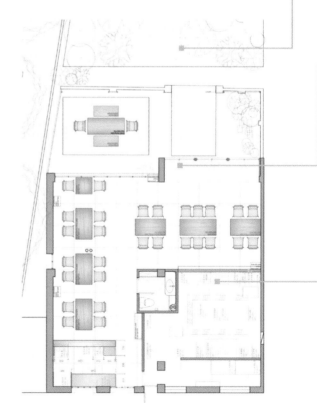

半開放廚房空間拉近主客互動

半開放的吧檯讓客人可瞥見到廚房內場的忙碌身影，隱約傳達出台菜大鍋炒的特殊氣味，也拉近主客之間的互動關係。

以中式庭園魔力造景

發想於中式庭園的「藝術植物」每一檯有其不同樣態，有如湖中倒影般，成為店內最具創意與魔力的造景之一。

打通格局光線通透

原本採光不佳的室內因打通格局，再改為玻璃通透外牆，使室內可順利借景戶外庭園光影。

台菜香檳
創意料理設計思考

　　店主人因常常有國外朋友來訪，為了讓朋友到台灣能享受有在地特色，同時又有好質感的美食體驗，店主人興起將台菜與香檳結合的念頭，最後開設這家高級創意料理店。為滿足開店的初衷，設計上鎖定好吃、好看及有趣等宗旨，再邀請設計師鄭士傑與植物藝術家李霽等多方專業人士來思索餐廳的設計主題，無論是硬體設計的氛圍營造，或是裝飾藝術的點綴，甚至仿舊手作家具與燈飾的搭配，都讓客人可以從內蘊記憶與故事感的中式空間中，感受到台灣人好客與溫暖的特質。

DECO 設計應用

以玻璃燈契合復古空間

由牆面線條延伸至屋頂的玻璃吊燈，以晶瑩透亮的姿態為室內帶來溫暖與慵懶，與復古空間相當契合。

明亮內裝吸引過路人目光

原本陰暗室內,經過開放格局與玻璃門設計變更後,展現明快的西式建築樣貌,而明快優雅的店內陳設更吸引窗外目光。

重現自然用餐情境

特別設計的二段式雨遮,讓天光甚至雨滴可從真實灑下,創造更貼近自然的用餐經驗。

圖\解\設\計\細\節\

設計外西內中混和出亮點

西式綠意的庭園步道與原木柱玻璃推門的
開放設計，映襯著店內紅磚牆色，讓過路
行人回眸率超高，成為有亮點的房子。

打造六零年代懷舊色調

先以紅磚色水泥抹牆做出懷舊色調，並鑿
出凹痕做出仿舊質感，搭配格子線條裝飾
的水泥地板與手作家具，交織出六零年代
的柔美光暈。

在台式浪漫中增添法式優雅

依傍公園的外院擺放著長桌椅，讓濃密樹
蔭與透明雨遮來拉近與大自然的距離，讓
食客分不清這是台式浪漫還是法式優雅。

OWNER&DESIGNER

台菜是滿載著時間與記憶味道的古早味，讓品嘗的人除了體驗舌尖上的享受之外，還能獲得另一層心靈的慰藉與滿足。這想念的滋味讓身為台南人，卻生活於台北都會的店老闆有了創新混搭的想法，希望能將台式餐飲文化立足在台北的城市景觀中。為了證明美好的味道並不會因時間而失色，甚至可以與時俱進，店主人特別在台菜餐廳中加入時尚浪漫的法國香檳文化，在台北街頭獨樹一格地開設了「富錦樹台菜香檳餐廳」。

藉植物對話，反映東西文化異同

為了複刻台菜的懷舊美感，設計師鄭士傑首先從時間軸的角度來詮釋，透過斑駁的牆面質感、仿舊的建材、家具，企圖營造出有故事感的質樸氛圍。另一方面，設計師邀請知名花藝設計家李霽共同創作，藉由中式林園的想像，在餐廳內部運用植物創作出懸吊式的巨型花藝，從天花板長出來的每一欉「藝術植物」均不相同，樣態也

有差異，不僅提供觀賞者特殊的反觀視點，營造出有如樹林山水的倒影畫面，據說這一欉欉可 360 度觀賞的花藝，會隨著風向與人的走動而變化，相當生動而靈活。室內如此精彩，擁有大庭園的戶外當然也不能馬虎，設計師以洋派庭園造景做安排，除了將比鄰公園的環境優勢充分運用，特殊設計的二段式透光雨遮，以及透過充滿光感與綠意的戶外餐桌區，讓室內外共構出手作感與藝術性的迷人用餐環境。

RestaurantData

富錦樹台菜香檳 at FujinTree
松山區台北市敦化北路 199 巷 17 號 1 樓
https://www.facebook.com/atFujinTree/

食物類型：新台式料理
餐廳風格：法式優雅工業風
平均消費：約 NT. 800 元
使用建材：老件、花藝、木素材、玻璃

文、整理—張景威 空間設計暨圖片提供—Jean de Lessard 攝影—Adrien Williams

Kinoya
奔放隨意的濃濃日本味

一家透著昏暗光暈的居酒屋 Kinoya，在加拿大蒙特婁街道上開張！ 這座居酒屋充滿濃濃日本風情，設計師是以設計怪異室內空間見長的加拿大設計師 Jean de Lessard。他認為居酒屋應該是以提供人們放鬆交流的概念為主軸，不避諱擁擠、狹小的空間，還刻意用不規則立面向內壓縮，木質牆壁與天花板上繪滿日文字和奇趣塗鴉，製造一種獨特的親密性。店內亦提供各式燒烤與酒類，天氣漸冷的夜晚適合來這裡小酌一杯，放鬆身心。

DESIGN

從折紙延伸強烈空間視覺

Kinoya 設計靈感來自「折紙」，加上整個酒館的木材由當地回收而來，不同尺寸的三角形以歪斜方式隨機組合，覆蓋著各種圖畫和塗鴉，強調城市的文化和設計的堅韌性，充斥著強烈的個性及視覺效果。日本風格的塗鴉與裝飾隨處可見，唯一的不同在於包裹空間的木板沒有像日本設計那樣規矩謹慎，而是看似隨意傾斜扭曲，打造了一個類似山洞般的空間型態，更加自由奔放。

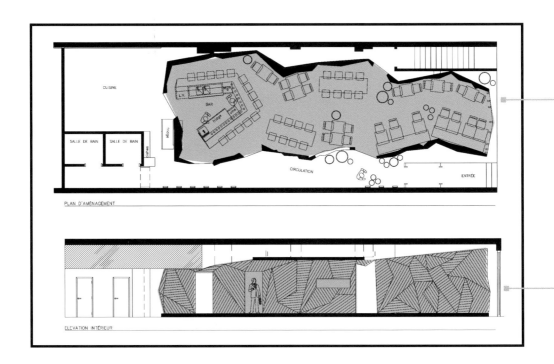

拉近人與人之間的距離

Jean de Lessard 的設計靈感來自日式傳統的小酒館,這類居酒屋特點在於狹小的空間尺度,促成人與人之間親密的用餐關係,因此他透過拼接的木板,將空間圍合成一個相對封閉的空間,拉近人與人之間的距離。

回收木材隨機組合

設計靈感來自「折紙」,整個酒館的木材由當地回收而來,不同尺寸的三角形以歪斜方式隨機組合,覆蓋著各種圖畫和塗鴉,強調文化和設計的多元。

加拿大設計師 Jean de Lessard 於加拿大蒙特婁完成一個日式居酒屋的改造個案，日本風格的塗鴉與裝飾隨處可見，強調城市的多元文化和設計的包容性，也代表著個性及創意的解放。

用空間讓顧客情感更緊密

Kinoya 是道地的日本居酒屋，主營各種日式清酒、啤酒、雞尾酒及威士忌，還有各式當地的葡萄酒，主廚 Aki 曾在東京多家居酒屋及割烹料亭主理過，口味正宗。室內裝飾風格質樸粗獷，內部空間材料幾乎由木板組成，不同顏色的木質結構包裹著餐飲空間，詮釋復古的特色，再配上黃色的燈光顯得格外親切與放鬆。設計師 Jean de Lessard 從當地農村的穀倉回收大量舊木材，用於空間內部裝飾。刻意將長短不一、顏色不同的木板隨意拼貼，讓人看得眼花撩亂，給人帶來一種返璞歸真的自然感受，誇張的壁畫為餐飲空間的裝飾起了渲染作用。同時，設計師也將天花板高度降低，使得餐飲環境更加緊湊，顧客間也因此更為親密熱絡。

Restaurant Data

Kinoya
4250 Rue Saint-Denis, Montréal, QC H2J 2K8, Canada
www.kinoya.ca

食物類型：食物類型：燒烤、炸物、下酒菜
餐廳風格：日式居酒屋
平均消費：單點 4 ～ 16 加拿大幣（約 NT.101 ～ 405 元），人均消費約 30 ～ 50 加拿大幣（約 NT.760 ～ 1,267 元）
使用建材：鐵杉木、白雲杉木、舊 Kinoya 店裡回收再利用的傢具和照明系統

圖\解\設\計\細\節\

日文與塗鴉交織趣味

Kinoya 刻意用不規則立面向內壓縮，木質牆壁與天花板上
繪滿日文字和奇趣塗鴉，製造一種獨特的親密性。

打造自由放鬆的用餐環境

空間材料幾乎都由木板組成，配上黃色的燈光顯得格外親切與放鬆，日本風
格裝飾隨處可見，唯一不同在於包裹空間的木板不像一般日本設計那樣規矩
謹慎，而是看似隨意傾斜扭曲，展現自由與奔放的輕鬆感。

成家 SEIKA (Mirrors)
花見時光啜飲一杯好咖啡

文、整理｜張景威　空間設計暨圖片提供─Bandesign　攝影─Shigetomo Mizuno

日本人迷戀櫻花眾所皆知，每當花開的時候就等於宣布溫暖的春天已經到來，而且賞櫻更是日本人一年中最重要的盛事。日文所謂「花見」，意即賞花，而且這個詞專屬於賞櫻，可見日本人重視的程度。這間位在日本岐阜縣的咖啡館，鄰近的河堤邊正好就種植了一排美麗的櫻花樹，一到櫻花綻放的季節就會匯集許多人 前來欣賞。但路過咖啡館的人都以為自己眼花，明明栽種在河堤邊的櫻花怎麼都跑到建築旁？原來是設計師利用位置的優勢，施展了一些小技巧，讓咖啡館也能獨自擁有一片櫻花樹海。

DESIGN

鏡面製造錯覺，如櫻花簇擁建築

為了讓處在極佳賞櫻位置的咖啡館發揮最佳優勢，設計師在基地上規劃 2 棟串聯相通的尖頂小屋，從俯視圖來看，像是個尖角相接的方形建築，這樣設計的目的是為了讓立面形成一個 90°的夾角，並在鋪滿鏡面不鏽鋼材質反射周邊的景色，由於並非照映在平面上，櫻花樹在轉角不鏽鋼牆面上反覆折射，互相照映出更多的櫻花樹倒影，因此除了河堤旁，在城鎮的這個角落也出現了一片櫻花樹林。透過橫向開窗，顧客不僅可以在咖啡館內欣賞到真的櫻花樹，同時也能從不鏽鋼鏡面上看到更深遠處的櫻花，如此被櫻花簇擁的設計已成為咖啡館賣點之一。

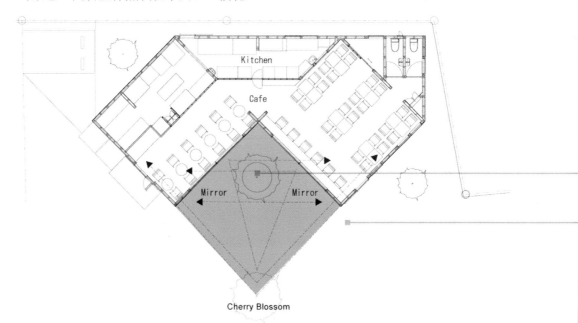

Cherry Blossom

運用物理折射原理展現基地優勢。

咖啡館周遭沿著河堤種植了一排粉色櫻花樹，每年到了賞櫻季節，會有許多人前來欣賞櫻花，咖啡館正好位在一個觀賞櫻花的絕佳景點。為了放大地點優勢，設計師設計一個 90°轉角牆面，並以鏡面不鏽鋼作為完成面，讓櫻花樹在牆面上鏡射也同時反覆折射，形成櫻花擁簇咖啡館的景象，牆面也開出大尺度的橫向窗戶，讓顧客坐在室內得以寬廣視角欣賞櫻花景色。

當春天腳步接近，寒意褪去逐漸暖和時，櫻花也在此時綻放出淡紅色的花朵，爭相怒放的櫻花將日本的街道演繹得華美壯麗；想要擁有櫻花卻無法移植，就學學日本成家 SEIKA (Mirrors) 利用鏡面材質反覆折射的錯覺，邀請河畔的櫻花到咖啡館作客吧！

環境為靈感 建築成小鎮特色

在 2 棟小屋周圍鋪上有如白雪般的小石子，圍塑出基地範圍，並栽種山茶花創造類似枯山水意境般的庭園造景；由於山茶花的花期早於櫻花，並且開出的是紅色的花朵，因此，顧客能夠隨著不同季節，欣賞到花色由濃轉淡。小木屋其他立面則是以鋼材電鍍成純白色，使得紅色大門更引人矚目。推開大門木屋式的尖屋，產生挑高的空間感，特別利用木桁架設計成樹枝狀的結構，與法式交叉椅背的餐椅相搭，使空間帶有鄉村風格調性。用餐區順著建築造型鄰著窗邊安排座位，務必讓每個角度都能欣賞到窗外景色。室內每一處設計和色彩都試圖呼應戶外景致，牆面漆上對比強烈的紅色和綠色，即使從窗外往室內看也富有層次。咖啡館裡沒有嘩眾取寵的裝潢，只有隨時節、氣候和日出日落的景物變化，才是最美好的設計。

圖\解\設\計\細\節\

白色木屋造型創造街區風景

設計單層的傳統木屋造型建築,以便融合當地建築高度,外牆以鋼材電鍍成純白色與淺粉色的櫻花相互輝映,並以白色碎石界定建築腹地範圍且栽種茶樹,因此在冬季造訪咖啡館的顧客,也能提前欣賞到茶樹綻放的美麗紅花,為純樸的小鎮增添一隅風景。

簡樸內裝映襯華麗窗景

室內用餐區沿著 90° 牆面配置,目的是盡可能讓每個位置都能欣賞到窗外景色;室內仍以花木為概念設計,坪數雖然不大,但傳統木屋的尖屋頂帶來挑高的空間感,屋頂以桁架結構加強支撐,特別設計成樹枝狀的造型,牆面也大膽以對比紅綠 2 色塗布,因此觀賞視線無論從裡到外,或者從外到裡皆有如畫作般迷人。

Restaurant Data

成家 SEIKA(Mirrors)
日本岐阜 岐阜市茜部大野 2-67
www.facebook.com/pages/ スイーツカフェ成家 seika
/523676951082668

食物類型	蛋糕甜點、鬆餅、早午餐、下午茶
餐廳風格	現代鄉村風
平均消費	1,000 ~ 1,999 日圓(約 NT.264 ~ 529 元)
使用建材	不鏽鋼、石膏、木材

文──鄭雅分 空間設計暨圖片提供──鄭士傑設計

FujinTree 353 Café
複合式選品店延伸店面設計

濃蔭樹影的富錦街，是台北街頭獨樹一格的人文商圈，恬淡自若的文青風咖啡館、甜點店、創意餐飲點四處林立，其中，以富錦街為名的 FujinTree 集團頻頻展店，速度之快被鄰里戲稱為造街運動，由此不難想像業主對於這條街廓的情有獨鍾，但這所有故事都要從富錦樹集團第一家店 FujinTree 355 選品店說起 ⋯⋯。

DESIGN

地板表情確立動線與人文氛圍

談到 FujinTree 353 Cafe'，絕不能漏提 FujinTree 355 選品店，這是富錦樹集團的第一家店，洋溢文青味的 FujinTree355 與 FujinTree 353 Cafe' 比鄰而立，兩店除了店景有延續感，甚至當初店主人開咖啡店的初衷，也是起源於 FujinTree 355 客人多次反映想試喝選品店咖啡的味道，正巧此時鄰居要招租，加上遇見有好的人才可以來執掌店務，使得這家店就在天時、地利、人和的情況下順利誕生。

如果說 FujinTree 355 是美好生活的提案者，那麼 FujinTree 353 Cafe 就是美好生活的落實者，這裡提供了一個真實空間讓人品味咖啡與生活的優雅質感。大量採用質樸原色的建材，格局上則利用原始結構樑柱來切分出工作區與座位區，同時巧妙地在門口柱子的腳邊加上弧角收邊，創造如大樹腳般的趣味設計，也呼應富錦「樹」的印象，除了樹腳柱外，門口的植栽、店內的乾燥植物等造景都為空間增加更多生命力與人文感。因應

點餐、候餐與內場工作需求，店門口設有量體巨大的 L 型木造櫃台與吧台，和水泥結構硬體形成素雅而溫暖的配色。至於可收納的拉門在傍晚會全數收至兩側，讓店面呈現開放格局。而順著粗獷木條打造的吧台與天花板整齊的管路向內走去，發現灰磚地板的走道切分為木地板與水泥地，設計師以地板的轉換取代隔間來界定不同座位區，至於走道則有外帶等候的座椅區，照顧到不同需求的客人。

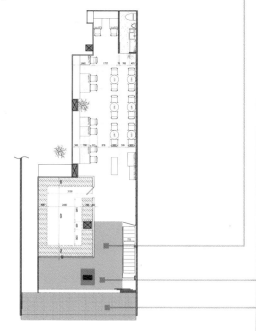

推門收至側邊感受街頭浪漫

店面的推門可收至側邊，並於傍晚天氣轉涼時在街頭擺上小桌，讓客人品嘗如巴黎街頭般的人文浪漫。

以設計呼應店名印象

將櫃檯旁柱子的腳邊加上弧角收邊，創造如大樹腳般的趣味設計，也呼應富錦「樹」的印象。

結構牆柱區隔場域

藉用原始結構樑柱來定位工作區與座位區，而右側伴隨如植生牆般座位區則是專為外帶客人準備的等候區。

店主美學主張
復古家具貫徹

無論是空間或是餐點，FujinTree 353 Cafe' 想傳達的就是一種美好生活體驗，而喜歡在空間設計裡加入生活藝術的設計師鄭士傑，更是常常在設計過程中找來藝術家一起合作，例如此次鄭士傑便特別邀請插畫家為店內作畫，透過幽默筆觸與貼切的圖像繪製出品嘗咖啡的各種姿態，輕鬆之餘也多點藝術氣息。另外，FujinTree 355 選品店的品牌乾燥花必然成為最佳的自然造景。至於所有家具均是選自業主代理的品牌，來自日本的 JOURNAL STANDARD 復古家具，無論是內斂色調或細緻質感都與店內陳設極度合拍，也貫徹了店主人的美學主張。

DECO 設計應用

櫃檯前特別座
櫃檯前方的特別設置座位，在美好的景致與復古家具相伴下，咖啡彷彿顯得更香醇甘美。

藝術植生牆

畫龍點睛的綠色植物與漂流木、乾燥花等錯落有致地擺放角落，為等候咖啡的客人消去不少暑氣。

咖啡百態插畫

沙發區牆面的視覺點上，先以一道寬版褐色刷痕來呼應咖啡店色調，而上方則掛上特別邀藝術家繪製的插畫，創造焦點、也多了話題。

以木質溫暖工業風冷冽感受

不鏽鋼材質的台面與木質感底座展現出溫暖與專業的吧台性格，而原始結構的水泥樑柱則凸顯輕工業風的個性美。

圖\解\設\計\細\節

將都市綠景內化於設計之中

富錦街擁有濃蔭樹影的美好街景，為此設計師選擇以簡單造型的雨遮與寬敞迎賓的門面來廣納這都市中難得的綠意。

複合店家同中求異共同經營

FujinTree 353 Cafe'起始於 355 選品店，但二者風格卻明顯同中求異，其中咖啡店以更具親和力的開放感來迎接客人。

運用地坪做隱形隔間

灰磚走道底端切分為木地板與水泥地，區分出沙發區與小圓桌座位區，特殊的地板工法也增加設計美感。

OWNER&DESIGNER

喝咖啡是生活中最平常不過的事了，不過，有人是慣性地狼吞一杯咖啡來提神，有人則需要找個安適的座位，坐下來慢慢地品那一縷縷咖啡的香醇，二者沒有高下，只有滿足與否。顯然，對生活美學超有想法的店主人偏向後者，而且此一想法也吸引不少同好。為了實現好好喝一杯咖啡的願望，擔任空間設計的鄭士傑設計師在了解店主人與顧客的想法後，先鎖定以木質的溫暖調性來為 FujinTree 353 Cafe' 鋪上底色，搭配單純的水泥灰、選品店的乾燥花與復古家具等樸質元素，交織出有如懷舊照片般的黑白格調，低調卻迷人。為了讓 FujinTree 355 選品店與 FujinTree 353 Cafe' 展現姊妹店的延伸質感，但又不希望二者有穿制服的單調印象，首先將咖啡館門面以活動拉門作可開放設計，有別於 FujinTree 355 櫥窗式安排，讓客人可以自然地走進店內。此外，門口雨遮做出一斜、一平的設計差異，凸顯各自的設計細節；但二者相同的是玻璃落地窗的門面均可引進富錦街的濃密綠蔭與在地生命力，以及溫暖木質調與含蓄、單純的美學印象，這些設計主軸也巧妙地與在地的藝文特質相輔相成。

Restaurant Data

Fujin Tree 353

台北市松山區富錦街 355 號
https://www.facebook.com/fujintree353cafe

食物類型：咖啡館
餐廳風格：雜貨工業風
平均消費：約 NT.150-200 元
使用建材：實木、鐵件、老件

文—王玉瑤 空間設計暨圖片提供—曾建豪建築師事務所／PartiDesign Studio

AMP Café
一如咖啡的質樸自然原味

只有六坪大小的 APM 咖啡，藉由色系與材質的巧妙運用，不只讓小空間有明亮、放大效果，適當的材質混搭，在豐富小空間元素之餘，也圍塑出輕鬆、自在氛圍，讓人來到這裡，可以放鬆、安心地享受咖啡的純粹美味。

DESIGN

以淺色系強調小空間放大感

僅有六坪的空間小巧迷你，不適合過於複雜的設計，且既然是一家咖啡館，不如就將咖啡給人療癒、放鬆的強烈印象延伸至整體空間風格，因此從天花開始一直延續至壁面，採用大量淺色調橡木裝飾，讓具有溫潤特質的木素材，軟化空間、植入輕鬆調性，強調不過於精緻修飾的自然、質樸感，且木材的天然木紋也可豐富視覺，避免單一材質的單調感。回應空間裡的溫馨主調，將原本極具個性的磚材與金屬材，選擇以白色磚牆與紅銅材質做呈現，藉此自然融入空間風格，同時藉由相異材質混搭，豐富空間元素。

而如果工作吧檯若合規劃在左右兩側，反而不利於座位安排與行走動線，因此決定讓吧檯後退到最後面，藉此留出足夠的寬敞空間做利用。小空間最大的課題就是如何避免狹隘、侷促感，設計師採用大量淺色系，淺色橡木、白色磚牆、灰白相間的六角磚，利用相近色系達到視覺上的統一，營造簡潔、俐落感，淺色系同時也有明亮、放大空間效果，另外在牆上貼覆鏡面，利用鏡面反射讓放大效果更加乘。

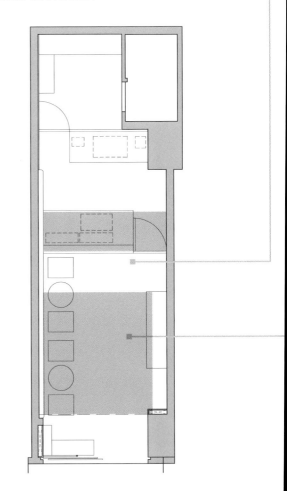

完整座位空間

將工作吧檯移至最後方，讓出更為
完整的座位空間。

入口展示妝點空間效果

將展示區安排在入口處，不只有展
示作用也有妝點空間效果。

畫龍點睛 小空間以家具

以木素材做為空間主要材質，呼應其材質療癒特色，家具也以視覺與觸感皆讓人感到療癒、舒適的木素材為挑選原則，其中除了咖啡館常見的圓桌，刻意安排一個可兼顧桌子與展示檯功能的長桌，讓小空間裡數量不多的家具更具使用靈活度。另外引人注意的就是編織木椅，不同於空間裡強調的簡單線條，反而選擇略帶複雜且具復古的造型，並藉由深木色將其突顯，讓單純的椅子成為空間裡的視覺焦點，且其復古外型也讓人有如置身在閒適的歐洲小咖啡館。

DECO 設計應用

活動長桌
設計師設計的長桌，平時靠牆當成桌面使用，若是辦講座或者有需要時，也能當成展示台使用。

咖啡椅

造型與編織手法皆具特色的木
椅，不只顧及到舒適度，其外
型更成為空間裡的視覺重點。

圖\解\設\計\細\節\

鏡面反射放大空間

半腰牆以鏡面貼覆牆面，鏡面藉由反射達到放大空間感，且光源經由鏡面折射，也能展現更為豐富有趣的光線變化。

六角地磚帶來活潑氣息

在小空間裡，大面積立面盡量保持簡單、素雅，選擇在地板低調使用六角磚，替空間帶來活潑氣息，也不影響視覺的清爽、俐落感。

延伸設計統合裡外氛圍

天花的格柵設計，從室內延伸至室外天花，相同的材質與設計，可強調裡外氛圍的一致，也有突顯店面的吸睛效果。

OWNER&DESIGNER

　　小小六坪大的店面傳來讓人停下腳步的咖啡香，這裡空間不大也沒有太多座位，但一杯好咖啡，就是有讓人即便沒有座位，也願意外帶回家慢慢品嚐的特殊魔力。咖啡的美味雖然不會因外帶有所扣分，但讓人不免好奇，老闆為何不像一般咖啡館一樣，找一個可以容納更多座位的空間，讓人好好喝咖啡！？結果答案讓人意外的是，其實原始的構想根本連座位都沒有。

　　「只想單純做外帶就好」是老闆最初的想法，因此空間不用很大，唯一需要的就是工作吧檯；原本想法單純，但在開店前和幾位有經驗的前輩討論後，才決定調整原來的計劃，最後以外帶為主，在有限的空間裡規劃少量座位，提供客人短暫的停留與休息。

R e s t a u r a n t   D a t a

AMP cafe
台北市仁愛路四段 409 號
https://www.facebook.com/ampcafetw/

食物類型：咖啡館
餐廳風格：極簡風格
平均消費：約 NT. 70-150 元
使用建材：橡木、六角磚、金屬材、造型家具

文—Amanda Wang　空間設計暨圖片提供／台北基礎設計中心

上海囍旺咖啡 SeeWant
成功是找到自己的品牌定位

以商辦區附近的連鎖咖啡店為定位，位於上海的囍旺咖啡以現煮咖啡和手做輕食為主打，店內家具也截取品牌 CI 元素為設計概念。而外觀的圓形側招牌、黑色半透明玻璃、以及用白色吊燈圍繞點餐櫃檯的設計，是每間囍旺咖啡的共同元素，以共通的品牌概念，打造出符合現代人生活模式的質感咖啡店。

DESIGN

速度取勝、細節至
上的標準化設計

　　設計師在接下這個委任案之後，找出了囍旺咖啡三家店的共同理念，將這些元素歸納出核心。首先，是幫「囍旺咖啡」取了「SeeWant」這個英文店名。位處上海這個國際大都市，地點又是鎖定在商業辦公大樓，勢必會有很多外籍商務人士或是觀光客光顧，英文店名是讓客源更為多元的第一步。

　　再來是店內空間的配比運用。對於連鎖店來說，如何在不同的地域及空間限制中，完整呈現出相同的品牌核心，是很重要的一件事，這樣才能讓顧客對於品牌產生熟識感，進而產生品牌忠誠度。因此設計師從吧台開始打造，捨棄原本的系統廚房以及購買的現成配備，並將ㄇ字型的吧台完全改造，以開放式廚房的概念打造出不鏽鋼吧台，並從吧台的配件開始做修正，連牛奶瓶的尺寸也被計算好，量身打造出

專屬擺放的冰箱空間，在拿取時更方便，相對的製作速度也會跟著加快，達到外帶講求快速的需求。

　　而門口的點餐櫃台也做了調整，除了更為寬敞明亮之外，櫃檯的高度和菜單擺放的位置也經過設計，更增加了互動式螢幕，讓顧客可以自行觸碰式點餐，提高了點餐時的便利性。另外，傘架、菸灰缸、門把和家具等也都經過重新調整，以品牌 Logo 中的星星符號為元素，取星星邊角的概念將其運用在桌椅等家具中，以統一的細節讓店內陳設更為貼近品牌核心。這些調整都從實驗店開始執行，經過測試改良之後，才將最適合的模式運用在正式店面中。

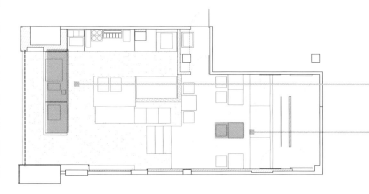

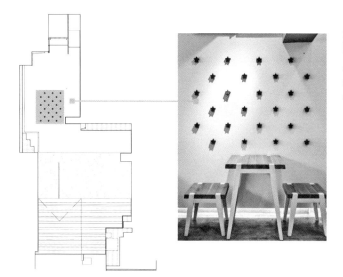

品牌 Logo 佈置牆面

品牌的星星符號 Logo，不僅運用在杯子、袋子和招牌上，室內空間也有一片牆面以星型符號妝點。

量身打造吧台與抽屜

囍旺咖啡的廚房工作台和櫃檯抽屜，都特別量身訂做。無論是器材的尺寸還是袋子的大小都符合店內的使用需求。

易於搬取的桌椅設計

由於囍旺設定為快速用餐的取向，因此併桌等需求也會隨之增加，桌椅的邊角以圓弧切角打造，拿取搬動都十分方便。

囍旺咖啡，一個成立於上海的年輕品牌，在經過多年摸索之後，當時也已經披荊斬棘的開了三家店，但後來開始慢慢發現，在上海這個飲食第一級戰區想要生存下去，一定要找到屬於自己的定位，不能只是把咖啡店當成賣咖啡的店面來經營，而是要融入品牌經營的概念，找出一套既定的標準流程，讓拓點更為快速且流暢。

不只是設計：透過產出提升營運的關鍵

　　坊間大部分的餐廳或咖啡店，在做設計的時候大部分只考慮到風格，但這是很粗淺的思維。風格可以讓顧客在走進店裡時，擁有短暫的記憶亮點，不過一旦深入之後卻感覺不到品牌核心，因此整體概念的統一便顯得很重要。

　　從接下一個設計案開始，要幫業主打算的就不只是視覺上的陳列而已，設計餐廳的本質並不只是裝潢風格，如何透過設計產出降低成本、協助營運，更是一大重點，只是很多人都會忽略這個環節，但這個部分反而是核心。設計師從一開始評估店的地點和路線、了解鎖定的客群、獨資或是合夥、預算是多少錢等項目，都是要了解的細項，因為協助客戶做財務方面的試算，是設計工作很重要的部分。而當精準掌握財務數字之後，便可以開始和品牌理念做融合，完整規劃出整體概念，裝潢和行銷的預算也才能拿捏得宜，讓營運者更清楚知道當下與未來的規劃，店也才能持續穩定經營並且創造更多利潤。

圖\解\設\計\細\節\

快速用餐的定位

因為囍旺咖啡設定為快速用餐的定位,因此桌椅經常需要搬動,所以手的接觸面都做了圓角處理,在搬動時更為方便輕取。

運用階梯式層架佈置空間

囍旺咖啡另一家的概念店,後半部因為前身是防空洞,故空間中會有些高低差,運用階梯式層架的擺放加上花的佈置陳列,掩蓋既有空間不符現狀使用的部分。

增加互動達到廣告效果

以拍照的看板和小道具,增加和客人之間的互動,除了趣味性之外,經由照片的流通也達到部分的廣告效果。

Restaurant Data

SeeWant 囍旺咖啡
中華人民共和國上海市浙江中路
215 弄 1 號
https://www.facebook.com/pages/%E5%9B%8D%E6%97%BA%E5%92%96%E5%95%A1-Seewant-Cafex/378903488857675?fref=ts

食物類型:咖啡館
餐廳風格:現代工業風
平均消費:20 人民幣 (約 NT80 元)
使用建材:軌道燈、木素材、鐵件

文—Minny Chen　空間設計暨圖片提供—力口建築

師園鹹酥雞 SHI YAN
新舊融合規畫打造台灣 TOP 小吃

夜市老攤變成活力食堂，有別於一般餐廳規劃，內外動線都需一併考量！餐車的機能經由設計 Level Up，創造更俐落乾淨的食物製作環境，而室內食堂的半開放式規劃，更帶來前所未見的新舊交融面貌，抓準食客的胃與心！

DESIGN

保留「園味」，「微整型」即大勝

如何在「守舊」的前提下「創新」？是本案首要課題，師園是台北師大夜市數一數二的鹹酥雞攤販，重新設計時要怎麼樣保有原有夜市老攤的好味道，又能夠同時注入青春的活力？設計師利培安認為，餐車可說是師園的核心舞台，雖然原有的餐車已在所有夾縫中藏滿各種機能，但為求更俐落與美觀，必須回歸「設計」基本的原則：「整理術」。

將攤車的「機能統整」，並「適度美化」是兩大關鍵。新的餐車比照原始的高度，同樣放置在原有的位置，師園的字不改顏色只微調字型，牌子上的價目表重新羅列出主打的食材品項和價格，客人一目了然。同時，把不需要被看見的東西（如照明、電線、插座）等，一一收拾乾淨，收納到處處藏有設計巧思的餐車裡，只呈現出乾淨又整齊的門面，客人一如往常來到熟悉的餐車前，依舊被熱情地詢問：「要辣嗎？」微整型後的餐車，輕輕鬆鬆贏得更多信賴與注目！

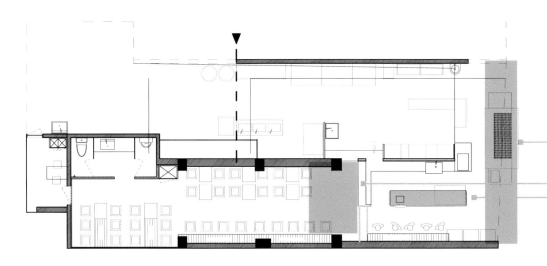

推門收至側邊感受街頭浪漫

師園只能在固定的時段使用右側空間的前段，餐車的收納與進出便成為重要關鍵。左側以鐵捲門作為固定隔間，漆上懷舊的藍色；可拆動的鐵板作為隱形界線的提示，方便日的開張與收攤。

吧台櫃與室內區的分水嶺

中島吧台櫃旁邊的出餐檯作為較低地坪與架高室內區的分水嶺，以好清潔、易清潔又能表現懷舊情懷的磨石子為材質，隨著人們不斷地觸摸，手和食物的油脂不斷滲入，反而日漸光亮！

工作平台區隔場域

茶飲工作平台以鍍鋅鐵板作為活動Menu板和隔熱的中介屏隔，規劃出餐車後區半開放的工作（油炸）區，讓客人不致被高溫與燙油隔絕，巧妙串連對接室內的出餐口、回餐口與垃圾清潔區，順暢內外的出餐與清潔動線。

新夜市風格
漾點子 × 老靈魂

率先微改造餐車後，重頭戲就落在這三十坪的室內用餐區了！過往來客皆已習慣外帶餐點，新開設的室內用餐區賣點在：提供一個可悠閒坐著享用鹹酥雞的全新消費體驗。想要稍事休息的食客們，只要點餐達最低消費金額，即可入內挑選自己喜歡的位子，坐下來大啖鹹酥雞。木桌搭配紅色椅腳的訂製椅，放在白色為主的空間，明亮又溫潤，瞬間從混搭的街道中跳脫出來，讓人忍不住多看幾眼。

考量週邊環境的夜市文化，利培安到處掏寶，找來骨董等級的老鐵花窗作為壁面裝飾，以求空間和該地的特殊文化元素產生連結。他解釋，夜市攤販樓上的住宅總為居住安全緣故，特別加裝鐵窗，形成特殊的都市景觀，把這在地的元素放置在空間中，再貼切不過！在材質的選用上，大量使用台味濃厚的磨石子作為吧台和地面的材質，更為呼應師園LOGO標準色在地坪上嵌入紅色琉璃，從細節玩美妝點空間。不論是新客人或老主顧都能在裡頭，一一細數窩藏各處的新創意和老靈魂！

DECO 設計應用

懸臂式的實木燈箱整合
因食用鹹酥雞雙手常會沾油，因此發想此設計，具有「照明」、「面紙盒」、「展示架」三種功能，用餐燈光的氛圍加分，衛生紙的抽取也便利，更可展示相關產品或裝飾小物，美型、機能與行銷三效合一。

牆面貼覆鏡面

在包廂區的兩側牆面貼覆鏡面增加縱深感,使空間有加乘放大的效果,並運用隱藏門的型式,把辦公室、廁所與儲藏室的入口都「收」到窗景裡。

耐磨損不鏽鋼材質

廁所以不鏽鋼夾作為門把,水槽比照廚房專用的耐高溫、耐磨損不銹鏽材質,量身訂製的豆芽燈,創意呼應鹹酥雞攤最熱銷的蔬菜品項!

有磁性且耐髒好洗的鍍鋅鐵板

為使 Menu 板上的菜單選項可以隨季節更動,採用具有磁性且耐髒好洗的鍍鋅鐵板作為活動看板,依顏色分類飲品和食材,店家可循著四季更動搭配,推廣主打的組合餐!鍍鋅鐵板略微模糊的鏡面效果,店內空間曖昧放大!

圖\解\設\計\細\節\

方便打卡招牌設計

雨遮下方的老字號換了新招牌，滿滿人情味的木質色調搭配如昔的紅色「師園」字樣，刻意傾斜向下的角度，來客一抬頭就望見，更方便手機拍照打卡。

質感空間大躍進

原本的餐車看板為黃底紅字，新的主視覺保留最初的紅字，換成白底背景，質感大躍進且更容易視讀。餐車的台面上的收納更加有效，下方暗藏的冷凍功能和抽屜小櫃，使保存食材鮮度並方便補料。

三段式規劃用餐區域

分三段式規劃用餐區域，規劃出前端鄰近茶飲點餐區的「立吞區」，中段的「吧台用餐區」以及後段略具隱密性的「包廂區」，食客們能依照需求挑選合適的用餐區域。

藝術作品的展示販售空間

店內牆壁大片面積留白，搭配軌道燈，説明業主的另一種想像：夜市裡的藝廊。因為於師大附近，希望未來能進一步和其藝術相關科系學生合作，讓食堂也能成為藝術作品的展示販售空間！

OWNER&DESIGNER

「嗨老闆，一份鹹酥雞，不要辣。」「好，但小姐你要站進來一點，後面車要經過喔。」夜市就是這般地親和與熱鬧，人與人之間的互動和對話，即使食物的花費金額不高，卻也總能使在地最珍貴的人情味，一起入荷。師園鹹酥雞的餐車，在師大夜市裡是老字號，每日中午十二點準時開張，直到凌晨一點，從沒偷懶過，它在這裡一站，就站了快50年。

輪到第二代接手時，年輕老闆懷抱著新穎又宏觀的想像，不僅要繼續保護這塊老招牌，同時要延展出新世代獨樹一格的在地精神，在原來的攤位之外又承租隔壁服飾店的 30 坪空間，讓師園不只是賣鹹酥雞的小攤而已，還能夠提供更多元的服務，擁有不一樣的未來。因深受業主的理念所感動，力口建築設計師利培安二話不說，接下這特殊的任務－夜市商家的改造計畫。

翻轉吧師園！鹹酥雞攤的改造計畫！

「夜市」的生態非常特殊，先別論地和店面歸誰管，總之，攤位的位置可以說是既清楚又模糊，清楚的是，你知道哪裡不是你可以涉足的；模糊的是，你知道哪裡是你可以游移的。利培安說，有很多界線和疆界都要搞清楚，師園承租了服飾店的空間，攤位所在的位置卻無法有所調整，處於一個有著「綜合區

域」的前半段，先了解遊戲規則後，就知道重點該放在哪。

溝通過程中，他了解到，師園這幾十年來的夜市人生，早已梳理出一套獨特的經營之道，包括餐車的機能配置、內部收納的配置、點餐和出餐的步驟、小撇步等，早就熟稔到不行，更悉知如何讓餐點維持在最新鮮又美味的狀態，客人才能如此絡繹不絕，師園鹹酥雞的名號才能屹立不搖。業主最大的訴求之一是：必須維持「師園」原有的模樣。簡單來說，不能讓客人覺得「原本」師園不見了，那累積近半百的熟悉感，絕對不能因這次的擴建而失去。

Restaurant Data

師園鹹酥雞
台北市大安區師大路 39 巷 14 號
https://www.facebook.com/
ShiYun23633999

食物類型：小吃
餐廳風格：攤販增加內用區
平均消費：約 NT.150-200 元
使用建材：磨石子、鍍鋅鐵板、鐵窗花、紅色
　　　　　　琉璃、木色材質

親子餐廳設計 POINT

　　一般餐廳 (Restaurant) 是一種以食物為主的行業，附加服務、裝潢…等，以滿足顧客的需求，並讓顧客享受悠雅的氣氛而有賓至如歸的感受，在身體、心靈與物質上均能得到滿意。而主題餐廳則是將一間餐廳，予以一個主題，由餐廳裝潢設計、支援設備到人員的態度到服裝造型…等，使得主題成為餐廳的特色，吸引各種喜愛此主題的顧客到餐廳消費、用餐。以前所謂的親子餐廳，只要有餐點加上孩童的遊樂設施即大功告成，但在現在少子化，家長越來越重視孩童發展的現在，親子餐廳不僅是全家出門用餐，孩子坐不住時玩樂的地方而已，更有許多餐廳講究「寓教於樂」，在親子共享的時光中也能潛移默化，讓孩童從這短暫的用餐時間有學習的機會。因此雖說是餐廳但餐點可能佔的比例相對一般餐廳較小，而設計的成分更顯重要，親子餐廳所需要考量的設計將不只是美觀而已，是否安全？是否能達到業主希望滿足家長的部分？更是設計師在規劃親子餐廳時的重點。以下則是需要注意的部分

Point1 　總之安全第一

　　其實不論各式各樣的設計能被安全的使用絕對是第一要件，且因為孩童相較於大人較為坐不住，並容易不穩跌倒，在材質與家具的選用上必須特別留意；而也因為小孩較容易被病毒侵入，或是互相傳染，無毒材的選擇及易消毒的設計等等都是必要考量。

Point2 　動線思考

　　因為親子餐廳不是「只坐著吃飯而已」的餐廳，飲食區與遊戲區是否清楚分開，上菜動線是否會因為玩樂中的孩童而受到干繞，更甚者造成顧客的傷害，這些都是設計師在設計時需要特別注意之處。

Point3 　貼心的設計細節

　　考慮到來到親子餐廳的客人多為家長與未成年的兒童，在入口處設置量體溫與消毒台，可以免除生病孩童進室內交叉感染的危險，而廁所方面，高低差的洗手台、兒童用馬桶與哺乳室更是不能或缺，從媽媽的眼光設計思考才能讓使用者感受到貼心。

孩童總是活潑好動，設置監控系統就算突然不見也不用擔心！

高低差的洗手台、兒童用馬桶與哺乳室是親子餐廳的必備設計。

Ｘ子義式親子餐廳
體現風和日麗的緩生活

文─施文珍 空間設計暨圖片提供─周易設計工作室

坐落於台中七期市府黃金地段，與辦公大樓、住宅社區為鄰的叉子，雖然店外打造了號稱全台中最大的沙坑供孩童玩耍、全家同樂，但定位為親子餐廳未免侷限，在逾 600 坪、三層樓的空間中，Ｘ子以貼心的複合服務、別出心裁的格局語彙，完全詮釋了「慢活」的生活思維。

DESIGN
用設計打造不同的
生活態度

設計師周易引用印第安人的一句諺語：「放慢腳步，讓靈魂跟上」作為開場，說明了Ｘ子最初的概念：「想營造一個讓附近人們可以自在慢活的空間」。因此設計了擁有多切面的不規則建築量體，平面水池與綠樹剛好讓「繁忙 — 輕鬆」作了最好的空間切換；為方便民眾攜家帶眷用餐，大型沙坑也是亮點之一，不僅讓小孩百玩不厭，大人也能藉著玩土弄沙重溫孩提時的回憶。

Ｘ子店內也有讓人眼睛一亮的格局，大型落地窗大方把自然光攬進室內，中間以天井打破樓層的限制，挑高的室內不僅讓光線毫無阻隔，整體視線也顯得更無壓力。方桌與長凳的搭配讓用餐人數可以有最大的容納量，而白色隔柵不僅突顯了空間立面動線，也讓用餐區域各自獨立；弧型的樓梯造型不僅讓樓層有了連結，也讓空間更多了輕快跳躍的豐富性。

三層樓的空間，Ｘ子以貼心的複合服務、別出心裁的格局語彙，完整闡述「慢活」的生活思維。

親子 + 市集 + 文創
輕快切換空間定義

　　值得一提的是，X子雖以親子餐廳為出發點，但卻是標準的複合空間，除了義式餐點外，也販售小農蔬果，標榜健康的五色蔬果汁，是店內招牌飲品，無論喝果汁或吃水果，這裡任君決定。二樓則規劃為靜態的文創展示空間，設計師周易表示，X子營業時間從早上 8:30 至晚上 10:00，為的就是提供民眾一個可以沒有時間壓力、早午晚都可待的地方，除了用餐，這裡可以散步欣賞藝品，也可以是會議辦公的場所，正如同外牆上「美好，緩慢甦醒」的標語，X子不僅帶來了美食，更以空間刻畫出生活中緩慢而美好的生活意象。

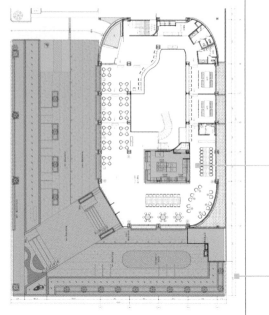

1f-Model

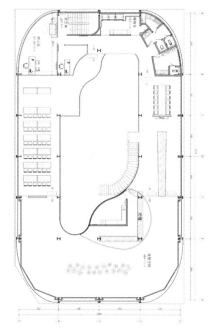

2f-Model

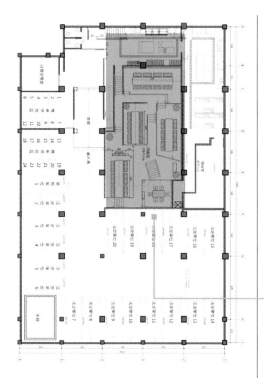

B1-Model

建物退縮創造寬廣視野

建物退縮創造了寬廣的室外廊道，入門再間隔約數公尺至點餐中島吧台，以清爽淨空的空間感由內而外創造舒適視線。

弧型設計傳達文創概念

1 樓展覽空間約占 500 平方公尺，並有小型會議廳，空間多採用弧型設計突破制式線條，更傳達了文創概念風格。

隔柵界定私密與寬敞兼具

B1 用餐區以白色隔柵及地板高度帶出空間界定，既有保有包廂的私密感，也保有寬敞的空間感。

圖\解\設\計\細\節\

木質立面外觀

選用能自然呈現木材紋理的鋼刷梧桐木陳述建物外觀，並將長條木材以拉斜的拼接工法提升建材使用上的耐久度，搭配特殊保護漆處理，讓原木材質即使置於戶外也能有五至十年的使用期限。

波光熠熠詮釋緩慢生活

建築量體側邊以淺水池劃定區域，並以蠟燭燈在水中打造波光，無障礙設計與單車停放格更全然貼近民眾需求。

天然材質創造隨性氛圍

以舊木料拼接加上地面投射燈凸顯帶有個性感的粗獷紋理，懸掛著的單車完全展現了生活中隨性自在的氛圍。

弧形線條襯托藝術氣質

X子2樓文創展示空間以大量原木材質及水泥展現簡約質樸的調性，投射燈則讓空間有了更多不同層次。

DECO 設計應用

工業風吧台

以鐵件與粉光水泥及木材混搭出工業風點餐吧台,確立餐廳核心風格,三角幾何鐵件吊燈有形有款,展現獨特氛圍。

童趣手繪插畫

牆面置入具童趣風格的手繪圖畫,帶動用餐的輕鬆氛圍,創造更貼近小朋友的使用環境。

踏階照明浪漫寫意

外圍階梯踏階處,設計師在高低落差處設有間接燈光,另在水池及植栽中亦埋有照明,柔和光源增添了夜間端景的豐富性。

OWNER&DESIGNER

「這完全是一連串天時地利人和的結果！」負責 X 子整體建築的設計師周易如此說著。原來 X 子隸屬知名連鎖餐飲集團「輕井澤」旗下品牌，業主本身早與周易熟識，因緣際會下承接了這塊區域土地，因為佔地寬廣，加上四周大樓林立，於是想在這個車水馬龍、人來人往萬坪生活圈中，打造能提供全家人都可以放心緩慢、輕鬆歇心的場所，因而有了打造「X 子」的靈感。

百分百貼合生活所需的設計

雖然定義為餐飲空間，設計師周易的想像卻遠比餐飲來得更廣。「期望成為民眾生活的好夥伴」，這也解釋了 X 子之所以名為 X 子的緣由─不僅好記好叫，也是大家吃飯用餐不可或缺的良伴，因此「民眾除了來這裡吃飯，也能來這發呆、散步、閱讀和玩耍！」也是當初的創立初衷。本著如此與左鄰右舍建立連結的概念，位居市中心的 X 子本身已有著得天獨厚的交通優勢，又具備寬廣地坪的地利優點，如何吸引人潮的

聚集？「我們選擇了「蝸牛」作為這裡的形象招牌，也呼應 X 子的緩慢需求」，因此運用 FRP 塑鋼材質訂作而成的大型蝸牛，也成了這兒最讓人印象深刻的亮點。

內在設計亦不馬虎，周易強調，為了與四周生硬嚴肅的水泥叢林作區隔，餐廳裝潢選擇帶有悠閒輕鬆的工業風為基調，以鐵件與水泥陳述室內立面線條，摒除風格中慣有的陳舊與複雜，保留了專屬於 Loft 的個性時尚，去蕪存菁之下，反而創造了獨樹一幟的簡約樸實。如此貼合生活原味的設計本質，也難怪 X 子甫一開幕就吸引大量人潮，偌大的空間常常一位難求，得提前預訂，更贏得網友、部落客的一致好評，X 子的成功也為餐飲空間設計帶來了全新的思維。

Restaurant Data

X 子義式親子餐廳
台中市西屯區府會園道 6 號
https://www.facebook.com/
X%E5%AD%90-667378226703302/

食物類型：親子餐廳料理
餐廳風格：Loft 工業風
平均消費：約 NT600-700 元
使用建材：鐵件、木素材、 鋼刷梧桐木

個人餐廳設計 POINT

在人來人往的都市裡許多單身的人們想吃一餐好料卻找不到伴同行，或是根本就想享受一個人用餐的樂趣，因此有越來越多餐廳瞄準單身市場，當設計師為這樣的需求設計時，除了須考慮業主坪效的利用外，也要考慮顧客進來消費的意願。舉例來說，因為注重個人隱私而擁有許多一個人也能好好用餐的日本，如果只是用坪效高的吧台座位如：拉麵或連鎖速食店吉野家等等，一般女性因為不習慣和不認識的人共同用餐反而造成女性踏入店家的阻礙，因此另一家連鎖丼飯店 - すき家即多佈置兩人與四人桌，讓不習慣與人比肩隨用餐的人也願意走進店裡。以下則是設計個人餐廳的重點

Point1　吧台座位坪效最高

許多小酒館、日式定食、咖啡館等都有吧台座位，這是一個能讓吧台的人與顧客能親密交流的位置，並且不僅坪效利用高、轉桌率較快，也能讓一個人來用餐的客人不因店內都是兩人四人座而害怕被店家拒絕。是服務一個人用餐的客人最好發揮的設計位置。

Point2　設身處地思考

一個人用餐分為兩個方向：找不到伴與想一個人享受單身時光，這兩種類型有如天壤之別，因此如果餐廳有劃分區域專為一個人用餐設計時，須從這兩個方面進行思考，才能做到最體貼顧客的設計。

一蘭拉麵

充分為「疲倦的一個人」思考的設計

日本的一蘭拉麵更是個人用餐店面的翹楚：有如 K 書中心的座位，從自動販賣機點餐到遞餐券給餐廳員工都不會與人交談甚至眼神都不會有所交會，令人能一個人充分享受用餐的樂趣。

日本一蘭拉麵的空間設計仿若 k 書中心一個人一個座位，從買餐券到吃完飯都不需要與人交談。攝影 _ 張景威

體貼客人一天的忙碌，了解其不想再面對陌生人的心情，連配料的選擇與加點都以筆談進行。攝影 _ 張景威

Oyster Bar
一個人大啖甘醇絲滑的優雅滋味

文｜鄭雅芬 空間設計暨圖片提供｜鄭士傑設計有限公司

> 灰靜的用餐空間，圍塑出如深海般的優雅內蘊，並與盤中生蠔鮮色相互呼應，讓味覺與視覺同時體驗一場美好的大自然饗宴；在全開放的用餐空間中，設計師鄭士傑將古典元素與現代主義並行共構，強調出剛性設計與優雅細節的時尚態度。

DESIGN

優雅柱型為理性空間
添時尚感

為了符合高級餐廳的時尚調性，在設計符碼上選擇以現代工業風為骨架，並於細節中加入古典語彙。首先大量採用水泥板、泥作與木地板等原味建材，營造出隨興優游的空間感；繼之以吧檯周邊古典造型柱頭來轉化無法拆移的結構柱體，並將古典元素延伸至天花板、吧檯等處，為素淨畫面注入古典精神與優雅質感。

設計師強調：商空與住家設計不同，外觀能否吸引人很重要。無論是仍在遠方觀察的路人，或是趨近前往的客人都要能在第一眼就引起關注。因此，特別選定店面左側落地窗的沙發區來做文章，除藉由窗邊大沙發做襯底，搭配霓虹燈塑造出的店名來吸引目光，其正後方較高的吧檯與酒櫃牆則成為最佳背景，引起窗外行人窺探與進門的慾望。

用餐空間採全開放規劃，並運用地板、天花板與材質等設計，自然營造出內外、高低與層次感，使得開放的格局中得以自然而然地分區，無論是慵懶的沙發區、環繞廚房的吧檯區，或是右側寬敞的餐桌區，都能提供每組客人更舒適、具屬地感的安心用餐環境。豐富中略帶輕鬆的開放吧檯後方則以半透明玻璃來區隔廚房，讓主廚與外區增進互動，也較能掌握客人用餐的進度與每個環節。

生蠔吧的空間裝飾設計

餐廳設計層次感的營造與燈光的搭配運用很重要，在餐廳中，所有身體可碰觸到的桌椅、餐具 ... 等選擇，都會影響客人的用餐體驗與心情。而生蠔吧除了在設計大方向以輕古典與工業風的對比美感來凸顯藍海、蠔色與金色香檳等絕配滋味外，吧檯旁刻意開鑿的長窗可引進自然綠景，為室內光影帶來微妙的變化；而吧檯上端層層排列的香檳酒杯則交輝出一圈圈如氣泡般的晶瑩畫面，讓人心情為之奔放；至於落地窗旁亮眼的湛藍沙發結合庭園自然派的造景，也讓室內與戶外的街景更能緊密交融。

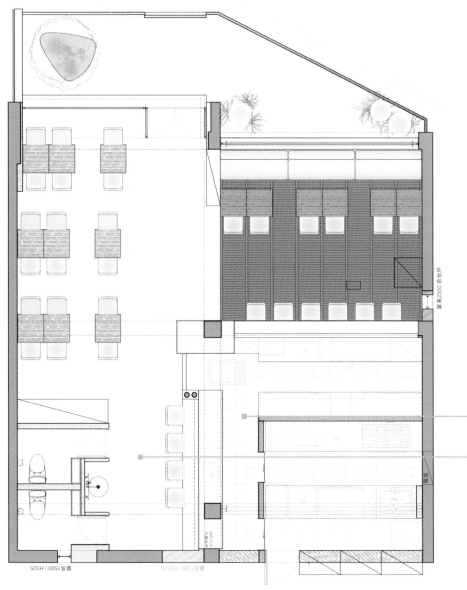

吧台區是一個人用餐的好去處

吧檯是餐廳的重頭戲,也是能服務一個人來用餐的體貼區域,除了從線條造型與材質
上做嚴格把關,內部大檯面與井然有序的機能配置更方便於工作與整理。

搶眼大理石桌檯城入目焦點

L型吧檯內為廚房,在吧檯二端交接點處選以大理石桌檯來變化材質,這既是入門視
覺焦點,也成為店內產品的招牌區。

圖\解\設\計\細\節

霓虹燈吸引客人注目

利用沙發為底座，在落地窗上裝置店名霓虹燈，搭配金屬線條與店內景緻則更有設計感，可吸引遠近客人的注目。

隱形隔間界定分區

由於室內原本採光不佳，設計師捨棄增加阻光性隔間，並在開放的空間中以地板材質、天花板造型來界定分區。

半開放廚房增添動態美感

吧台後方以浪紋玻璃來區隔廚房，廚房內若隱若現的身影與藍光則為餐廳增加動態美感。

以共同元素整合相異家具

開放的用餐桌區以米色牆、灰地板演譯自然光，餐桌區家具造型雖與其它區不相同，但均有木質與黑色等共同元素。

DECO 設計應用

香檳酒杯形成裝置藝術

金黃燈光輝映下的酒櫃，搭配以
層層疊疊的香檳酒杯吊掛而成的
大型裝置藝術，為吧台營造出微
醺、微奢的晶瑩感。

越夜越美的藍色沙發區

兼具有門面效果的藍色沙發區與吧台區間的大片留白
讓空間更無壓力感，典雅畫面不只白天優雅，夜晚也
很美麗。

長窗框景帶來微妙光影

除有弧線美型的木製底座吧台與
古典柱型來增添空間設計品味，
酒吧前長窗為室內帶來的光影變
化更是妙不可言。

藝術家以海做畫為空間增色

延續了灰、黑、白、木質等色調外，在牆面上特
別邀請藝術家為店內以海為主題作畫，也為空間
增色不少。

OWNER&DESIGNER

走在台北民生社區，周邊充斥閒適、茂盛的樹梢與活潑光影，讓人特別想用力地呼吸、認真地活著，同時激發出一縷法式巴黎的優雅遐想，此時若能與幾位好友啜飲香檳、大啖生蠔該有多暢快。沒錯！今天想介紹的這家店就是 Fujin Tree Group 旗下的『生蠔吧』。

問起店主人為甚麼要開生蠔吧呢？與業主熟稔的設計師鄭士傑代為回答說，一開始當然還是緣起於老闆個人喜好與飲食品味，同時這樣的念頭與富錦樹集團希望提供美好生活提案的經營主軸，以及分享優雅浪漫的飲食文化不謀而合，於是「生蠔吧」應運而生，並為入夜後的台北增添幾許甘醇如絲般的璀璨滋味。

用五感嚐一口海味的沁涼

將好吃的東西與客人分享是店主人的初衷。為此，老闆特別找來具生蠔達人身分的日本好友來為品質把關外，將日本產地的新鮮生蠔空運直送來台；其它如法國香檳及各式美酒均是店內不可錯過的重點美味。而佳餚、美酒應該佐以怎樣的空間畫面呢？多次為富錦樹集團操刀規劃商業空間的設計師鄭士傑表示：「在了解業主的想法後，首先要定位出客層與價位。」Oyster Bar 主要以中高價位消費為主，菜式則有西式海鮮餐點與酒類，介於正式餐廳與小酒館之間，因此，可綜觀與掌握全場的 Bar

成為設計關鍵，這點從店名上不難看出。而另一設計的主軸則是產品 ＿ 生蠔與香檳，設計師從牡蠣的色彩、摘採牡蠣的海洋，與海底光線、金黃香檳等多方面做思考，尋思出雲白、蠔灰、褐木、霧金與海藍等主色調，藉以營造出自在的空間感，再搭配牆上藝術掛畫，舒暢的畫面讓人分不清是深海的清澈，還是香檳泡泡冉冉上升的快意，唯一可確定的是這氛圍的確與生蠔很對味。

Restaurant Data

Oyster Bar by Fujin tree
台北市松山區敦化北路 199 巷 15 號
https://www.facebook.com/
X%E5%AD%90-667378226703302/

食物類型：海鮮、紅白酒
餐廳風格：時尚小酒館
平均消費：約 NT2000 元
使用建材：鐵件、木素材

寵物餐廳設計 POINT

寵物餐廳是以「寵物」為主題的餐廳，結合人與寵物複合式的經營方式，客人可以帶著自己的寶貝一起來店內用餐，店內除了供應寵物主人們各式的餐點外，也準備寵物專用的餐盤及多樣的寵物餐點。有的還提供寵物聚會的場所，設置遊戲區讓寵物嬉戲、交誼！而這些以毛小孩、貓星人為主的餐廳，當然在設計上不能只考慮主人，而更應該由寵物是否樂意來到這個場所而出發，以下是以貓狗餐廳為區分的設計要點。

FOR CAT

人貓動線分開

貓咪因為狩獵的天性喜歡居高處，在餐廳中可以移牆面設計貓道，並適時開窗，讓其可以常看窗外，滿足其好奇心。因此可將整個動線分為兩區，依照貓咪習性將天花轉折和角落處留給貓咪，並運用高低層次設計讓貓咪活動具有趣味性，其餘空間則留給人們移動行走，讓兩者互不相干擾。再來由於貓咪有磨爪的習慣，且最喜歡布或皮類材質，因此要儘量避免此類的家具，現在有家具廠商開發出所謂的貓抓布沙發，是可以參考的材質。而在傢飾的選用上儘量避免棉麻材質的窗簾、抱枕等，建議選用貓咪比較不喜歡的麂皮或是特殊加工的強化材質等。

FOR DOG

保留活動場域

一般狗狗外出比較沒有大問題，在設計方面主要需要保留空間讓毛小孩盡情嬉戲，並使用止滑地板，而為了防止碰撞，櫥櫃、架子等都需要鎖在牆面上，正如「毛小孩」三個字，狗狗正是主人們一個活潑好動的孩子呢！

利用牆腰設計也能避免牆壁被磨壞

貓咪和人的動線分開，才能讓雙方在餐廳中享受一段美好時光

常常會暴衝的寵物們，如果在室內鋪上光滑的地板，容易造成寶貝們的傷害，最好選擇超耐磨地板，讓寵物們行走更安全

貓咪先生的朋友
貓奴寵愛主人的好去處

文—王玉瑤 攝影—劉士誠

在有貓咪的餐廳用餐要小心翼翼？想和餐廳裡的貓互動很難？以貓咪為主題的「貓咪先生的朋友」店長 Mars 以平時對貓咪的訓練以及觀察，巧妙將餐廳打造成一個客人與貓咪可以和諧相處的自在空間，滿足客人想與貓咪貼心互動，也讓貓咪們住得開心。

DESIGN

享受窩在家的放鬆
與舒適

　　貓咪其實和人一樣，都喜歡窩在舒服的角落，因此為了讓貓咪和客人們感受到「像在家一樣舒服」，讓空間呈現出舒適、放鬆感，便是這家店最主要的設計方向。首先利用具溫潤質感的超耐磨木地板、木質傢具構成空間最主要的溫馨氛圍，在採光條件的考量下，在入口處兩面開窗，並在空間裡以大量的白打造簡潔、俐落及明亮效果，其中乾淨的白色牆面，可靈活以畫作、飾品點綴空間，以磚與木素材砌

成的白色吧檯，則是店裡最吸睛的視覺焦點，除了實際操作飲料調配外，木質台面同時更是貓咪們的伸展台，時而躺著時而坐著，不時在舞臺上生動地表演各種超萌的可愛姿態。

　　座位主要分成二個區塊，靠牆設計的長型沙發椅搭配單人木椅，讓座位組合更具彈性，沙發的鮮豔橘色則能增添活潑元素，另一區選擇採用沙發椅、桌几與立燈營造出更為慵懶的生活感，讓這個小小角落，就像回到家一樣自在、放鬆。

以設計創造效率：
動線安排

餐廳空間設計的第一步，一般會先確認管線配置，以此做為規劃餐廳最重要的廚房位置依據，若以這間店原始管線配置來看，廚房規劃在緊鄰廁所的位置最為理所當然，但這樣安排卻會造成客人使用廁所時需繞經廚房，不只使用上相當不便，動線上也容易與工作人員有所衝突，因此雖會動到管線仍決定將廚房位置挪移，並藉此將廚房與吧檯結合，串連成一個完整的烹調區域，從料理到上菜的工作動線調整，也變得更為順暢有效率。

確定空間、動線規劃後，其餘設計則

以貓咪平時的生活習慣做為設計主軸，首先在沙發後方設計一個長型平台，做為給貓咪走動的貓道，讓平時喜歡跳上跳下的貓咪，有多餘的活動空間也便於和座位區的客人互動；長型空間採光全來自入口處，大面開窗並做成半圓造型，引入光線打亮空間，也滿足貓咪們最愛窺伺的好奇心，而且不小心看累了，直接躺在刻意設計的窗前小平台上睡個午覺也很愜意。

為了增加貓咪們與客人互動，另外規劃出放置貓咪玩樂的跳台及吃飯的區域，讓愛貓的人在這裡可與貓咪自然互動，又或者在一旁靜靜欣賞貓咪們吃飯、玩耍時的各種可愛樣貌。

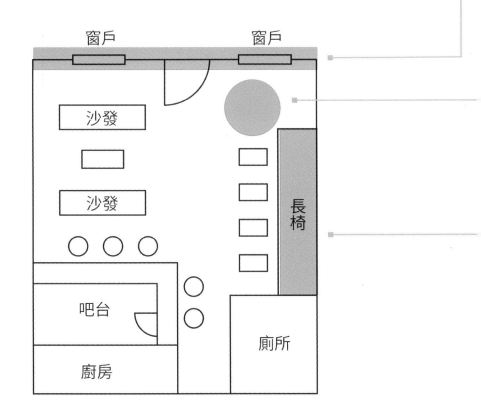

大窗滿足貓咪好奇心

入口的兩面大窗滿足貓咪喜歡隨時
注意外面動靜的習性，看累了可以
優雅的躺著享受陽光，甚至悠閒地
睡個午覺。

親密互動規劃

這裡是貓咪玩耍、吃飯的區域，讓
貓奴們沒有距離，盡情與貓咪們互
動。

貓道兼具擺放飾品平台

沙發後方的貓道，除了貓道的功能，
也能做為擺放小飾品的平台。

圖\解\設\計\細\節\

🔳 黑板牆展現空間隨興

跳脫素雅的白牆，黑板牆有凝聚視覺
作用，而牆上的留言與塗鴉，更呈現
空間裡的自在隨興的氛圍。

🔳 特選防抓沙發布

長椅座位區的沙發椅，為了防止貓咪拿來
磨爪子，刻意選用防抓沙發布，讓沙發使
用至今，仍能保持椅面的完整。

🔳 以亮眼小物吸引路人停留

將刻意內縮的空間，利用紅色郵筒、植物，打造成具鄉村風調性的活潑外
觀，有吸引路上行人視線停留打卡的效果，也給予溫馨親切的第一印象。

木素材不論在觸感或視覺上，是最容易呈現溫馨感受的材質，因此傢具挑選便以木質傢具為挑選原則，考量到清潔桌面採用不易積垢的美耐板桌面，選擇偏重的木色，則是為了與單椅做搭配，傢飾的選擇則以貓咪主題為主，貓咪的掛畫、貓咪造型時鐘，適度以小飾品做點綴，既可帶出空間主題也能增添空間的趣味性。

DECO 設計應用

吧檯椅

刻意尋找的木質吧檯椅，厚實的質感與沉穩的木色，不論是坐起來的舒適性還是外觀，都與空間裡的調性一致。

座位區桌椅

刻意挑選木色略深的桌椅，呈現寧靜、沉穩的空間氛圍。

OWNER&DESIGNER

其實一開始並沒有想到要以店裡的貓咪做為餐廳賣點，單純只是因為才開店沒幾天就吸引來一隻貓（也就是資深店貓小羊），由於 Mars 家裡已經養了貓，於是就養在店裡，不只順勢成了這家店的店貓，還意外相當受到客人歡迎；因此當「貓咪先生的朋友」決定從內湖移至東區時，Mars 便將店貓擴大成為餐廳主要特色，藉此讓「貓咪先生的朋友」在競爭激烈的東區，與其他餐廳明顯做出區隔。

而店裡的貓，原本是由工作人員將家裡養的貓帶來店裡，之後隨著人員的異動，貓咪來來去去不定時增減，最後在餐廳逐漸穩定之後，才由最資深的小羊帶領著妹妹、小三和招娣，成為店裡固定的招牌店貓。

Restaurant Data

貓咪先生的朋友
台北市大安區大安路一段 83 巷 7 號

食物類型：寵物餐廳
餐廳風格：鄉村雜貨風
平均消費：約 NT. 300 元
使用建材：鐵件、木素材

國家圖書館出版品預行編目 (CIP) 資料

餐飲空間設計聖經 暢銷新封面版 / 漂亮家居編輯
部作 . -- 2 版 . -- 臺北市 : 麥浩斯出版 : 家庭傳媒城
　　邦分公司發行 , 2018.08
　　面；　公分 . -- (Ideal business ; 03X)
　　ISBN 978-986-408-407-4(平裝)

　　1. 家庭佈置 2. 室內設計 3. 餐廳

422.52　　　　　　　　　　　　　107012877

IDEAL BUSINESS 03X
餐飲空間設計聖經【暢銷新封面版】

作　　　者｜漂亮家居編輯部
責任編輯｜許嘉芬、張景威
採訪編輯｜張景威、王偲宸、詹雅婷、鄭雅分、王玉瑤、蔡銘江、許嘉芬、高寶蓉、施文珍、蔡竺玲
封　　　面｜葉馥儀
內頁設計｜我我設計工作室
插　　　畫｜黃雅方
行銷企劃｜呂睿穎
版權專員｜吳怡萱

發 行 人｜何飛鵬
總 經 理｜李淑霞
社　 長｜林孟葦
總 編 輯｜張麗寶
副 總 編｜楊宜倩
圖書主編｜許嘉芬

出　　　版｜城邦文化事業股份有限公司 麥浩斯出版
地　　　址｜104 台北市中山區民生東路二段 141 號 8 樓
電　　　話｜02-2500-7578
E m a i l｜cs@myhomelife.com.tw

發　　　行｜英屬蓋曼群島商家庭傳媒股份有限公司城邦分公司
地　　　址｜104 台北市中山區民生東路二段 141 號 2 樓
讀者服務專線｜0800-020-299
讀者服務傳真｜02-2517-0999
E m a i l｜service@cite.com.tw
劃撥帳號｜1983-3516
劃撥戶名｜英屬蓋曼群島商家庭傳媒股份有限公司城邦分公司

香港發行｜城邦（香港）出版集團有限公司
地　　　址｜香港灣仔駱克道 193 號東超商業中心 1 樓
電　　　話｜852-2508-6231
傳　　　真｜852-2578-9337

馬新發行｜城邦（馬新）出版集團 Cite(M) Sdn.Bhd.
地　　　址｜41, Jalan Radin Anum, Bandar Baru Sri Petaling,57000 Kuala Lumpur, Malaysia
電　　　話｜603-9057-8822
傳　　　真｜603-9057-6622

總 經 銷｜聯合發行股份有限公司
電　　　話｜02-2917-8022
傳　　　真｜02-2915-6275

製版印刷｜凱林彩印事業股份有限公司
版　　　次｜2023 年 2 月 2 版 3 刷
定　　　價｜新台幣 450 元